新编计算机

短期培训实用教程

（第2版）

王璞 编

西北工业大学出版社

【内容提要】 本书是为计算机基础教学和计算机培训班编写的基础教材。本书的主要特点是基于 Windows XP 操作平台，强调其实用性、易用性。书中介绍了计算机基础知识、中文 Windows XP 操作基础、中文输入法、中文文字处理软件 Word 2003、中文电子表格处理软件 Excel 2003、Internet 操作基础、多媒体计算机和计算机安全，使读者快速、准确地学习计算机知识。

本书思路全新、图文并茂、练习丰富，既可作为高等职业教育和高等专科教育计算机基础课程的教材，也可作为各电脑培训班的最佳教材，也是从事办公自动化工作的广大用户的首选用书。

图书在版编目（CIP）数据

新编计算机短期培训实用教程/王璞编. —2 版. —西安：西北工业大学出版社，2005.8（2016.1 重印）
ISBN 978-7-5612-1294-3

Ⅰ. 新…　　Ⅱ. 王…　　Ⅲ. 办公室—自动化—应用软件，Office 2003—高等学校；技术学校—教材
Ⅳ. TP317.1

中国版本图书馆 CIP 数据核字（2005）第 52119 号

出版发行：西北工业大学出版社
通信地址：西安市友谊西路 127 号　邮编：710072
电　　话：(029) 88493844　　88491757
网　　址：www.nwpup.com
电子邮箱：computer@nwpup.com
印 刷 者：陕西百花印务有限责任公司
开　　本：787 mm×1 092 mm　　1/16
印　　张：12
字　　数：321 千字
版　　次：2005 年 8 月第 2 版　　2016 年 1 月第 17 次印刷
定　　价：24.00 元

前　言

　　计算机技术日新月异,计算机的应用和教育事业也在蓬勃发展,计算机(尤其是微机)知识已成为现代人不可缺少的知识储备。高校中几乎所有专业均开设了计算机课程,而且计算机知识的普及教育也正走向中专、中小学乃至家庭。各行各业都日益感觉到掌握计算机知识的迫切性,社会上已经掀起了一个学习、掌握、使用计算机(尤其是微机)知识的浪潮。为适应这一趋势,为满足广大用户掌握和学习计算机知识的要求,作者在多年实践的基础上编写了此书,希望该书能对广大读者有所帮助。

　　本书的内容以目前最新和最常用的奔腾计算机为操作平台,讲述了目前最新、最实用的计算机知识,具体包括以下内容:

第一章　计算机基础知识
第二章　中文 Windows XP 操作基础
第三章　中文输入法
第四章　中文字处理软件 Word 2003 的使用
第五章　中文电子表格处理软件 Excel 2003 的使用
第六章　Internet 操作基础
第七章　多媒体计算机和计算机安全

　　考虑到初学者的自身特点,本书采用循序渐进的方法进行讲述,对一些难以理解的概念及术语使用恰如其分的比喻进行了解释,以帮助初学者理解其内在含义。

　　本书是提高计算机操作技能的理想读物,它既是各种电脑培训班和初学者自学的首选教材,同时也可以作为大中专学生的教材和参考书,还可作为各类计算机操作人员的参考资料和工具书。

　　由于编者水平有限,书中错误及不妥之处在所难免,敬请广大读者批评指正。

编　者

目 录

第一章　计算机基础知识

本章主要介绍电子计算机的概念、基本术语和基础知识，包括计算机的发展、分类和特点，计算机的用途，计算机的基本结构和组成，计算机中数据的表示形式，微型计算机系统的软、硬件组成，计算机的启动和键盘的使用。

本章重点

（1）计算机概况。
（2）计算机的编码与数据单位。
（3）计算机的基本结构和系统组成。
（4）微型计算机的系统配置。
（5）计算机的开机和关机。

第一节　计算机概况

电子计算机简称电脑，诞生于 20 世纪 40 年代，它能够自动进行数值计算，广泛应用于信息处理及自动化管理等多个领域。

一、计算机的发展阶段

1946 年世界上第一台电子计算机 ENIAC 在美国的宾夕法尼亚大学诞生。这台计算机耗用 18 000 个电子管，占地 170 平方米，重达 30 吨，耗电 150 千瓦，运算速度为 0.5 万次/秒，价值 40 万美元。也就从这时开始，科学家从奴隶般的数学计算中解放出来了。

虽然从计算机诞生到今天才短短的几十年，计算机已经经历了几代的转变。由于在推动计算机发展的各种因素中，电子器件的发展起着决定性的作用，所以，按照计算机所采用的电子器件的不同，将计算机的发展大致分为四代。

1. 第一代计算机是电子管计算机

主要特点：采用电子管作为逻辑元件，主存储器采用磁鼓、磁芯，外存储器采用磁带、纸带、卡片等，存储量小，体积庞大，价格昂贵，能耗巨大，运算速度慢，主要用于科学计算。

2. 第二代计算机是晶体管计算机

主要特点：用晶体管代替了电子管，主存储器还是采用磁芯，外存储器开始采用磁盘，存储容量扩大，同时运算速度得到了明显的提高。这时，开始使用一些高级语言，如 FORTRAN，COBOL 等，应用领域扩展到了事务管理、工业控制等。

3. 第三代计算机是集成电路计算机

主要特点：用中、小规模集成电路代替了分立元件晶体管，主存储器采用半导体代替了磁芯，存储容量扩大到几兆字节,运算速度提高到每秒几十万次到几百万次。同时程序语言也有了较大的发展,出现了操作系统和会话式计算机,并与通信技术相结合,出现了计算机网络,这时,计算机开始广泛应用于工业控制、数据处理、科学计算等各个领域。

4. 第四代计算机是大规模和超大规模集成电路计算机

主要特点:集成程度更高,计算机更加微型化,运算速度空前提高,达到每秒上亿次,计算机的外部设备向高性能,多样化发展,软盘和硬盘得到推广,高清晰度的彩色显示器广泛使用,存储量大的光盘开始走向市场,在计算机各个方面性能全面提升的同时,价格却不断降低。与此同时,操作系统也不断的完善。Unix 和 Windows 都得以诞生,各类网络软件和应用软件空前丰富,软件产业开始形成。计算机的发展进入了以计算机网络为特征的时代。

随着计算机的发展,计算机也越来越普及。PC(Personal Computer)也就是个人电脑开始走进千家万户,计算机的应用范围也越来越广,它不但被用来进行数据处理、科学计算等工作,而且能够用来上网。用户可以用计算机通过互联网获得取之不尽的信息,并把自己加工整理的或创造的信息供别人共享。也正是由于计算机的普及和计算机网络的迅速发展,当今时代已被称为信息时代。

二、计算机的特点

从计算机的诞生至今,计算机能够广泛应用于不同领域是与计算机以下特点分不开的:

1. 高速运算能力和检索能力

目前世界上运算速度最快的计算机已达到 10 亿次／秒,而且从上万个数据中找到所需要的信息仅需 2～3 秒。高速运算必须具备高速存取才能发挥作用。这种高速检索能力广泛应用在数据处理中,是其他工具无法比拟的。

2. 强存储记忆能力

高速处理数据能力不仅依赖于运算速度,还依赖于存储记忆能力。电子计算机的内存储器和外存储器相当于人的大脑和笔记本,它可以记忆大量的原始数据、中间结果和计算程序以备调用。

3. 很高的计算精度和可靠性

计算机的精度可达到几十位甚至上百位,连续无故障运行时间可达数月甚至几年。

4. 具有逻辑判断能力

计算机不仅能完成各类计算,还能利用它的逻辑判断能力在数据处理中进行数据整理、分类、合并、比较、统计、排序、检索及存储等操作。

5. 工作全部自动进行

只要给计算机发出工作指令,计算机将按照指令自动执行。

三、计算机的应用领域

综合计算机在各方面的应用,可分为以下六类:

1．科学计算

科学计算是计算机最早的应用领域，高速、高精度的运算是人工计算所望尘莫及的，现代科学技术中有大量复杂的计算，如航天、气象、地震预测等，都需要计算机快速而精确的计算。

2．数据处理

数据处理也称事务处理，它可对大量的数据进行分类、排序、合并、统计等加工处理，例如人口统计、财务管理、银行业务、图书检索、卫星图像分析等，数据处理已成为计算机应用的一个重要方面。

3．过程控制

过程控制也称实时控制，主要是指计算机在军事和工业方面的应用，计算机能及时的采集和检测数据，并按照最优方案实行自动控制。

4．计算机辅助系统

计算机辅助系统包括计算机辅助设计（CAD）、计算机辅助制造（CAM）、计算机辅助教学（CAI）、计算机辅助工程（CAE）等。

5．人工智能应用

人工智能是指用机器模拟人的智能。在计算机上的应用是指用计算机模拟人的智能，使其具有推理和学习的能力。例如计算机看病、计算机下棋、语音识别系统等。

6．上网应用

上网应用是指可使用计算机上网，通过互联网（Internet）进行收发电子邮件、查询信息等各种操作。这是近年来计算机迅速发展的重要应用。

第二节　　计算机的编码与数据单位

本节介绍计算机二进制数的概念以及计算机的数据单位。

一、二进制的基本概念

我们知道，计算机中的数据和指令都是用二进制数表示的，各种数制（如十进制、十二进制等）都是按人们的习惯自然形成的，而二进制则是由计算机内部器件的特性决定的。

计算机真正能识别的是二进制。二进制是逢二进一，它只有两个数码 0 和 1，由于 0 和 1 两种状态容易用电气元件实现，如开关的接通为 1，断开为 0；电灯亮为 1，熄灭为 0 等。所以计算机采用二进制最方便。缺点是二进制位数多，书写数据、指令不方便，因此书写时通常把三位二进制数做一组来构成一位八进制数（或用四位二进制数构成一位十六进制数）。八进制是逢八进一，它有 0，1，2，3，4，5，6，7 八个数。十六进制为逢十六进一，它的十六个数表示为 0，1，2，3，4，5，6，7，8，9，A，B，C，D，E，F。二进制、八进制和十六进制之间可以互相转换，具体的转换方法见有关资料，这里仅介绍计算机中使用的二进制数。

二、计算机的数据单位

计算机中使用的二进制数共有 3 个单位：位、字节和字。

1. 位（bit）

位是指二进制数的一位，是计算机存储数据的最小单位。其英文名称是 bit，音译为比特，在用 bit 做单位时，常以小写字母"b"表示。在计算机中，一个位只能表示 0 和 1 两种状态（2^1），两个位能够表示 00，01，10，11 四种状态（2^2）。为了表示字母、数字以及专门符号，这些符号一般有 128～256 个，需要用到 7 位（$2^7=128$）或 8 位（$2^8=256$）来表示。

2. 字节（Byte）

8 位二进制数为一个字节，其英文名称是 Byte，音译为拜特。在用 Byte 做单位时，常以大写字母"B"表示。字节是最基本的数据单位。一个字节可存放一个 ASCII 码，两个字节可存放一个汉字国标码。

3. 字（Word）

字是计算机进行数据处理时，一次存取、加工和传送的数据长度。由于字长是计算机一次所能处理的实际位数的多少，决定计算机进行数据处理的速率，因此，字长是检测一个计算机性能的标志。例如，常用的字长有 8 位、16 位、32 位、64 位等。

4. 存储容量的单位

这里我们特别说明一下表示存储容量的单位及换算公式：

1b＝1 个二进制位　　　　1B＝8 位二进制位　　　　1 KB＝1 024 字节

1 MB（或 1 兆字节）＝1 024 KB　　　　1 GB＝1 024 MB

第三节　计算机的基本结构和系统组成

我们日常所说的计算机，严格地说，都应称为计算机系统，主要由计算机硬件系统和计算机软件系统两部分组成。计算机硬件系统是物理上存在的实体，是构成计算机的各种物质实体的总和。计算机软件系统是我们通常所说的程序，是计算机上全部可运行程序的总和。只有这两者密切地结合在一起，才能组成一个能正常工作的计算机系统并发挥其作用，这两者缺一不可。下面将介绍这两部分内容。

一、计算机系统的构成

虽然计算机系统的构成非常复杂，但从整体上可分为硬件系统、软件系统两大部分。

硬件系统是那些看得见的部件的总和，一个完整的硬件系统，必须包含 5 大功能部件，它们是：运算器、控制器、存储器、输入和输出设备。每个功能部件各司其职，协调工作，缺少了其中任何一个就不称其为计算机了。未配备任何软件，仅由逻辑器件组成的计算机叫做"裸机"，在裸机上只能运行机器语言程序，这样的计算机效率极低，使用十分不便。

软件系统则是包括计算机正常使用所需的各种程序和数据,软件是所有的程序及有关技术文档资料的总和。通常根据软件用途将其分为两大类:系统软件和应用软件。如果没有软件支持,再好的硬件配置也是毫无价值的;如果没有硬件,软件再好也没有用武之地,只有两者互相配合,才能发挥作用。

综上所述,在计算机系统中,硬件是构成计算机系统的各种功能部件的集合,软件则是构成计算机系统的各种程序的集合。我们通过图 1.3.1 描述了计算机系统的基本组成,目的是使用户在头脑中建立一个计算机系统的概念。一般计算机系统组成如下:

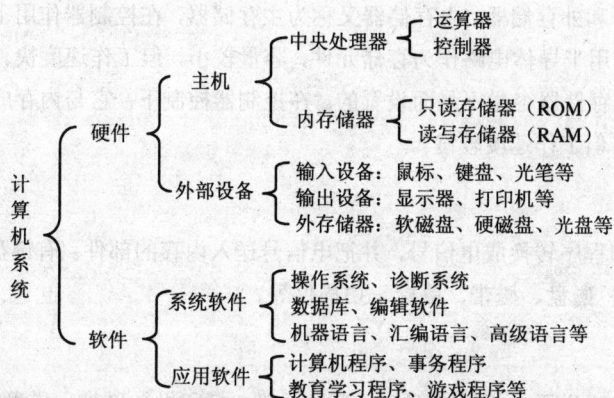

图 1.3.1 计算机系统构成图

二、计算机硬件系统

自第一台计算机于 1946 年诞生后,尽管计算机制造技术已经发生了巨大变化,但至今为止,就其体系而言,都基于同一个基本原理:存储程序和程序控制的原理。这个思想是由美籍匈牙利数学家冯·诺依曼于 1946 年首先提出的,所以人们把基于这种存储程序和程序控制原理的计算机称为冯·诺依曼计算机。冯·诺依曼计算机硬件部分都是由 5 大功能部件组成,如图 1.3.2 所示。

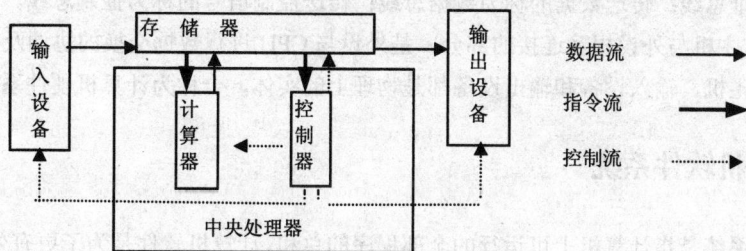

图 1.3.2 计算机工作原理图

由图 1.3.2 可知,计算机工作时,由控制器控制,先将数据由输入设备传送到存储器存储,再由控制器将要参加运算的数据送往运算器处理,最后将计算机处理的信息由输出设备输出。

1. 运算器

运算器的功能是进行算术运算和逻辑运算。算术运算是指按算术运算规则进行运算,如加、减、乘、除等;逻辑运算泛指非算术运算,如比较、移位、布尔逻辑运算(与、或、非)等。运算器在控制器控制下,从内存中取出数据送到运算器中进行运算,运算后再把结果返回内存中。

2．控制器

控制器的功能是从内存中依次取出指令，产生控制信号，向其他部件发出命令，指挥整个计算过程。同时把数据地址发向有关部件（输入、输出、运算器），并根据各部件的反馈信号进行控制调整，是统一协调其他部件的中枢。

3．存储器

存储器分为内存储器和外存储器。内存储器又称为主存储器，在控制器作用下与运算器、输入／输出设备交换信息。一般用半导体电路作为存储元件，容量较小，但工作速度快。外存储器又称为辅助存储器，它是为弥补内存储器容量不足而设置的。在控制器控制下，它与内存成批交换数据。常用磁带、磁盘等容量较大，但工作速度较慢。

4．输入设备

输入设备是把数据和程序转换成电信号，并把电信号送入内存的部件。有键盘、光电输入机（纸带输入机）、卡片输入机、磁盘、磁带、鼠标、扫描仪等。

5．输出设备

输出设备是把计算结果送至主机外的部件。有显示器、打印机、磁带、磁盘等。

随着计算机硬件技术的发展，将以上 5 部分的组件集成在一起，并采用专业术语为之命名，简单介绍如下：

（1）中央处理器：运算器和控制器的合称，简称 CPU。是 Central Processing Unit 中央处理单元的缩写。

（2）主机：运算器、控制器和内存储器三者的合称。所以主机包括 CPU 和内存。

（3）外部设备：包括输入设备和输出设备，简称外设。

（4）总线：连接计算机内各部件的一簇公共信号线，是计算机中传送信息的公共通道。其中传送地址的称为地址总线；传送数据的称为数据总线；传送控制信号的称为控制总线。

（5）接口：主机与外设相互连接的部分。是外设与 CPU 进行数据交换的协调及转换电路。

综上所述，主机、输入设备和输出设备都是物理上的实体，合称为计算机硬件系统。

三、计算机软件系统

计算机软件系统是指计算机上可运行的全部程序的总和。计算机软件是为了更有效地利用计算机为人类工作，发挥计算机的功能而设计的程序。它包括各种操作系统、编辑程序、各种语言、诊断程序、工具软件、应用软件等。软件通常分为两大类，即系统软件和应用软件。

1．系统软件

系统软件是指计算机硬件系统为正常工作，而必须配备的部分软件。系统软件中最基本的是操作系统，操作系统是用户和裸机之间的接口，为用户提供了一个方便而强有力的使用环境。除操作系统外，还包括各种语言的预处理程序，标准程序库及系统维护软件等。

系统软件是计算机系统的必备软件，用户在购置计算机时，一般根据其需要配置相应的系统软件。系统软件主要包括计算机操作系统以及计算机程序设计语言。

2. 应用软件

应用软件主要为用户提供在各个具体领域中的辅助功能，它也是绝大多数用户学习、使用计算机时最感兴趣的内容。

应用软件是针对某些应用领域的程序软件，如计算机辅助制造、计算机辅助设计、计算机辅助教学、企业管理、数据库管理系统、文字处理软件、桌面排版系统等。

应用软件具有很强的实用性，专门用于解决某个应用领域中的具体问题，因此，它又具有很强的专用性。由于计算机应用的日益普及，各行各业、各个领域的应用软件越来越多，也正是这些应用软件的不断开发和推广，更显示出计算机无比强大的威力和无限广阔的前景。

应用软件的内容很广泛，涉及到社会的许多领域，很难概括齐全，也很难确切地进行分类。常见的应用软件有以下几种：

（1）各种信息管理软件，如 MIS 系统等。

（2）办公自动化软件，如 Office 2000，WPS 2000 等。

（3）各种辅助设计软件以及辅助教学软件，如 AutoCAD 2005 等。

（4）各种软件包，如数值计算程序库、图形软件包等。

第四节　微型计算机的系统配置

微型计算机是大规模集成电路技术发展的产物，微处理器（CPU）是它的核心。自 1971 年在美国硅谷诞生第一个微处理器以来，微型计算机异军突起，发展极为迅速。随着微处理器的不断更新，微型计算机的功能越来越强，应用越来越广。

目前从构成微型计算机的功能部件来看，微型计算机主要由主机、显示器、键盘、鼠标和一些其他的外部设备组成，如图 1.4.1 所示。

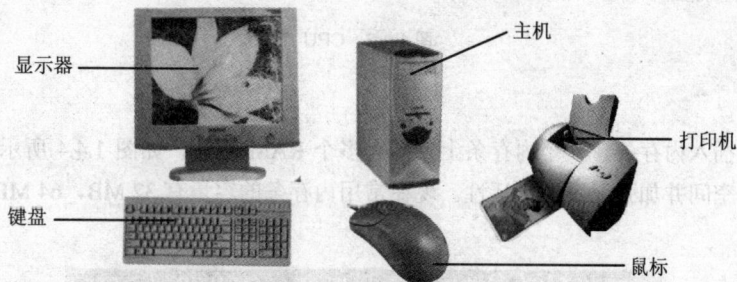

图 1.4.1　微型计算机的组成图

一、微型计算机的主体——主机板

主机板又称为系统主板，简称为主板，如图 1.4.2 所示。主机板上有 CPU、内存（Bank）、扩展卡（Slot）、各种跳线（Jumper）和辅助电路。

主板按各种电器元件的布局与排列方式和在不同机箱上的配套模式，可以分为 AT/Baby AT，ATX，Micro ATX，LPX，NLX 等型号。目前大部分主板都是 ATX 结构的主板。

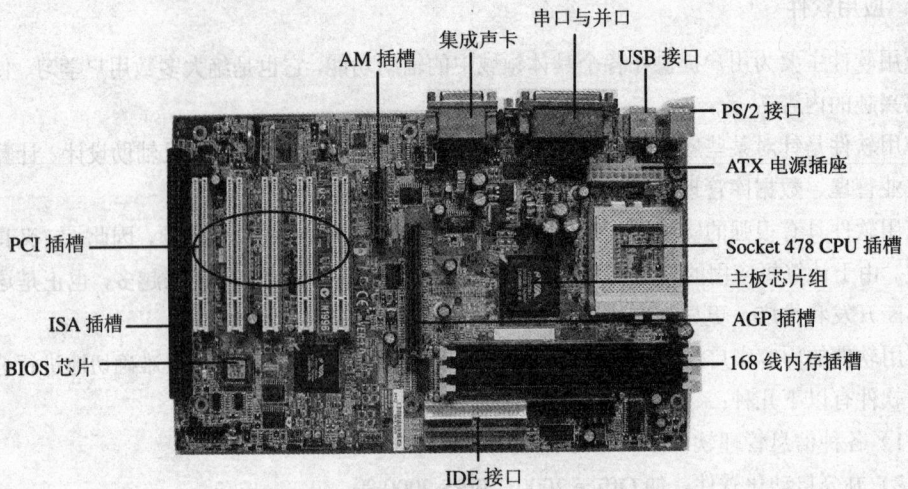

图 1.4.2　主板

1. CPU

CPU（中央处理单元）是微型计算机的核心部件，它是包含有运算器和控制器的一块大规模集成电路芯片，如图 1.4.3 所示。衡量一个 CPU 性能好坏的指标主要看 CPU 所能处理数据的位数（机器字长）、CPU 的主频等。

图 1.4.3　CPU

2. 内存

内存槽用来插入内存条，一个内存条上安装有多个 RAM 芯片，如图 1.4.4 所示。这种内存条结构可以节省主板空间并加强配置的灵活性。现在常用内存条的容量有 32 MB，64 MB，128 MB，256 MB 等规格。

图 1.4.4　内存条

3. 扩展卡

扩展卡用来插入各种外部设备的适配卡，又称为扩展槽。选择主板时，应注意它的扩展卡数量和总线标准。其中，前者反映主板的扩展能力；后者反映主板的速度。扩展槽主要有 PCI 插槽、ISA 插槽、AGP 插槽等。

4．跳线、跳线开关和排线

跳线实际上是一种起短接作用的微型插头，它与多针微型插座配合使用。当用这个插头短接不同的插针时，便可调整某些相关的参数，以扩大主板的通用性。如调整 CPU 的速度、总线的时钟、Cache 的容量，选择显示器的工作模式等。

跳线开关是一组微型开关。它利用开关的通、断实现跳线的短路和开路作用，且比跳线更加方便、可靠。

排线是通过制作在主板上的若干个多针微型插座（排线座）与主机的电源、复位开关、各种指示灯以及喇叭等部件的插头相连接的，用于实现某些功能。

5．辅助电路

主机板上除了包含上述部件以外，通常还设置一些必要的辅助电路，主要有 CMOS 电路、ROM BIOS 芯片、外部 Cache 芯片、主板芯片组、晶体振荡器等。

二、微型计算机的后援——外存储器

当前微型计算机所使用的外存储器主要有磁盘存储器和光盘存储器。

1．磁盘存储器

磁盘存储器可分为软磁盘和硬磁盘。它们都是由磁盘片、磁盘驱动器和驱动器接口电路组成的，统称为磁盘机。

软盘按其盘片的直径，分为 5.25 英寸和 3.5 英寸软盘，如图 1.4.5 所示；按其盘片两面是否都能存储信息，分为单面盘（SS）和双面盘（DS）；按其每面划分的磁道数及每道上扇区数的多少，又可分为单密度盘（SD）、双密度盘（DD）和高密度盘（HD）。现在使用的磁盘几乎都是 3.5 英寸双面高密度盘，其容量是 1.44 MB。

图 1.4.5　3.5 英寸软盘

2．光盘存储器

光盘是随着多媒体技术的广泛应用以及计算机要快速处理大量数据、图形、文字、声音等多种信息的要求而发展起来的一种新型的计算机外部存储器。光盘存储器使用激光进行信息的读写，比磁盘存储器的存储容量更大，同时，具有信息保存时间长的优点。

光盘存储器是由光盘、光盘驱动器和接口电路组成的，按其读写功能可分为只读型、一次写入型、可重复写入型等种类，它们的工作原理也有所区别。光盘中的信息是通过光盘驱动器（简称光驱）来读取的，如图 1.4.6 所示。

图 1.4.6　光盘和光盘驱动器

三、微型计算机的输入设备——键盘和鼠标

键盘是计算机中主要的输入设备之一。现在的计算机一般使用 104 和 107 键的键盘。键盘根据按

键的类型分为机械式与压膜（电容）式。压膜式手感好，价格稍贵；机械式寿命长，价格便宜，但手感稍差，如图 1.4.7 所示。

图 1.4.7　键盘

按鼠标内部构造分为：机械式鼠标、光电式鼠标和光学机械式鼠标，如图 1.4.8 所示。

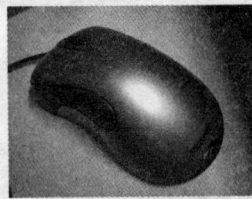

机械式鼠标　　　　　　　　光电式鼠标　　　　　　　　光学机械式鼠标

图 1.4.8　鼠标

四、微型计算机的输出设备——显示器和打印机

　　显示器和打印机是微型计算机常用的输出设备，它们的主要功能就是将计算机的计算结果（包括中间结果和最终结果）通过显示器显示出来或通过打印机打印出来，以便用户查看计算结果或长期保存结果。另外，显示器和打印机还可以显示或打印用户通过计算机编辑的程序文件、文本文件以及各种图形信息等内容。

1. 显示器

　　显示器通过显卡接到系统总线上，两者一起构成显示系统，显示器是微型计算机与用户进行交互不可缺少的部件。衡量显示器好坏的主要技术参数包括：屏幕尺寸、宽高比、点距、像素、分辨率等。目前的显示器主要有纯平显示器和液晶显示器两种类型，如图 1.4.9 所示。

图 1.4.9　纯平显示器和液晶显示器

2. 显卡

显卡是连接 CPU 与显示器的接口电路。它把需要显示的图像数据转换成视频控制信号，控制显示器显示该图像。因此，要求显示器和显卡的参数必须匹配，才能得到最佳的显示效果。一个参数过高，另一个参数过低都将造成资源的浪费。如图 1.4.10 所示。

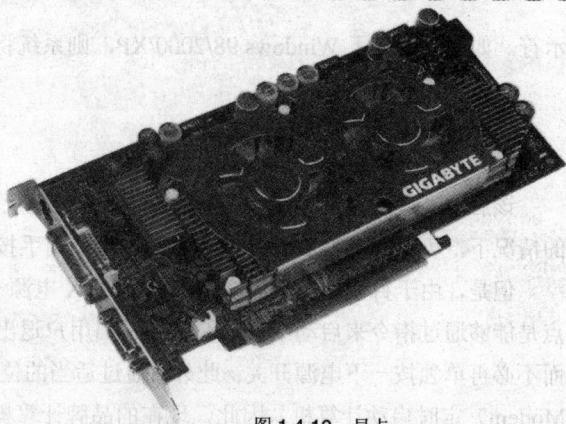

图 1.4.10 显卡

3. 打印机

打印机是计算机上最为常用的输出设备之一。计算机上常用的打印机主要有针式打印机、喷墨打印机和激光打印机，这 3 种打印机的工作原理不同，其输出效果也各不相同。衡量打印机的技术指标主要有：打印速度、打印分辨率和打印纸的最大尺寸。

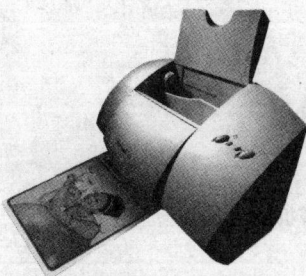

针式打印机　　　　喷墨打印机　　　　激光打印机

图 1.4.11 打印机

第五节　计算机的开机和关机

同我们日常使用的各种电器一样，一台计算机只有在接通电源以后才能工作。但由于计算机比我们日常使用的各种家用电器要复杂得多，因此，从机器接通电源到做好各种准备工作要经过各种测试及一系列的初始化，这个过程被称为启动。按启动过程性质不同，可分为冷启动、复位启动和热启动。

一、冷启动

冷启动是指机器尚未加电情况下的启动，如图 1.5.1 所示。如磁盘操作系统已装入硬盘，则操作步骤如下：

（1）接好电源。

（2）打开显示器。

（3）接通主机电源。

这时机器就开始启动，系统首先对内存自动测试，屏幕左上角不停地显示已测试内存量。接着启动硬盘驱动器，机器自动显示提示信息。

如果用户未安装 Windows 98/2000/XP，则系统启动后直接进入 DOS 操作系统，并显示 DOS 提示符。如果已安装了 Windows 98/2000/XP，则系统将直接进入 Windows 98/2000/XP。

二、复位启动

该启动过程类似于冷启动。一般说来，为避免反复开关主机而影响机器工作寿命，在热启动无效的情况下，可先用复位启动方式。启动方法是用手按一下复位按钮即可，如图 1.5.2 所示。

但是，由于目前计算机大多使用的是 ATX 电源（早期使用的电源被称为 AT 电源）。该电源的特点是能够通过指令来启动或关闭，例如，当用户退出 Windows 98/2000/XP 时，即可自动关闭电源，而不必再单独按一下电源开关；此外，通过适当的位置，用户还可利用电话（此时计算机必须配备了 Modem）定时启动计算机。因此，现在的品牌计算机大都已不再单独设置复位按钮。

POWER

RESET

图 1.5.1　冷启动计算机　　　　　　　　图 1.5.2　复位启动计算机

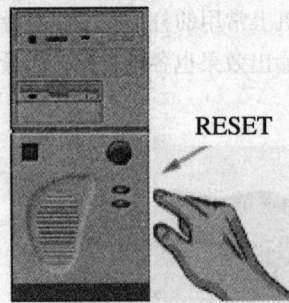

三、热启动

所谓热启动是指机器在已加电情况下的启动。通常是在机器运行中异常停机，或死锁于某一状态时使用。操作方法是按住"Ctrl+Alt+Del"组合键，该启动过程在以上介绍的几种启动方式中最为迅速，因为热启动过程省去了一些硬件测试及内存测试。但是，当某些严重错误使得热启动无效时，只有选用冷启动或复位启动。

如果用户正在 Windows 98/2000/XP 中操作，按下"Ctrl+Alt+Del"组合键后，系统将弹出一个提示对话框，询问是否确实要重新启动计算机，如果是可以再次按下"Ctrl+Alt+Del"组合键，即可重新启动计算机。

四、关机

当使用完计算机后，必须关闭计算机，计算机关机有以下两种操作方法：

（1）若使用的是 MS-DOS 操作系统，直接关闭计算机电源即可关机；

（2）若使用的是 Windows98/2000/XP 操作系统，单击 开始 按钮，选择 关闭系统(U) 命令项，弹出 关闭 Windows 对话框，在此对话框中选中 关闭计算机(S) 单选按钮，即可关闭计算机。

习题一

一、填空题

1. 第一代计算机是电子管计算机，主要采用_____作为逻辑元件。

2. 计算机不仅能完成各类计算，而且利用它的_____在数据处理中能进行数据整理、分类、_____、比较、_____、排序、_____及存储等操作。

3. 计算机辅助系统包括_____、计算机辅助制造（CAM）、_____、计算机辅助工程（CAE）等。

4. 计算机系统的构成非常复杂，但从整体上可分为_____和_____两大部分。

5. 微型计算机是大规模集成电路技术发展的产物，_____是它的核心。

6. 显卡是连接_____与_____的接口电路。

二、选择题

1. 当前的计算机一般称为第四代计算机，它所采用的逻辑元件是（　　）。

　A．电子管　　　B．晶体管　　　　　C．集成电路　　　　　D．大规模集成电路

2. 在计算机中，存储信息的最小单位是（　　）。

　A．字　　　　　B．位　　　　　　　C．字节　　　　　　　D．KB

3. 计算机的操作系统属于一种（　　）。

　A．应用软件　　B．工具软件　　　　C．调试软件　　　　　D．系统软件

4. 下列不属于外存储器的是（　　）。

　A．硬盘　　　　B．软盘　　　　　　C．光盘　　　　　　　D．磁带

三、简答题

1. 第一台电子计算机的名称是什么？诞生于哪一年？

2. 计算机的发展经历了哪四代？采用的主要器件是什么？

3. 什么是微型计算机？

4. 计算机有什么特点？

5. 计算机有哪几个主要应用领域？

6. 计算机中的信息为什么采用二进制数表示？

7. 信息单位 b，B，KB，MB，GB 之间各有什么数量关系？

8. 计算机系统由哪两部分组成？

9. 计算机硬件系统由哪几部分组成？

三、上机操作题

1. 观察一台计算机，指出各部分的名称。

2. 接通机箱电源，启动计算机。

第二章　中文 Windows XP 操作基础

中文 Windows XP 是 Microsoft 公司于 2001 年底推出的操作系统。它在继承了 Windows 2000 先进技术的基础上，又添加了许多全新的技术和功能。Windows XP 具有直观、友好的操作界面，使用户在 Windows XP 环境下能轻松地进行各种操作与管理。

本章重点

（1）Windows XP 的基本知识。

（2）Windows XP 的基本操作。

（3）资源管理器。

（4）控制面板。

（5）系统管理。

第一节　Windows XP 的基本知识

目前 Windows 操作系统几乎统治了整个电脑界，它集操作系统、硬件规范、多媒体、通信、网络、移动计算机和娱乐功能于一身。且 Windows 操作系统功能强大，给电脑界带来了不言而喻的影响。所以在学习使用电脑前，首先要掌握 Windows 操作系统。在学习 Windows 操作系统之前，要学习 Windows XP 的一些基本知识。

一、Windows XP 概述

Windows XP（XP 是 Experience 的缩写）是微软公司在新世纪发布的新一代操作系统，意味着将给用户在应用上带来更多的新体验。根据用户对象的不同，中文 Windows XP 可以分为家庭版的 Windows XP Home Edition 和办公扩展专业版的 Windows XP Professional。

Windows XP 是基于 NT 技术的纯 32 位操作系统，而不像 Windows 9x 那样是 16/32 位的操作系统。它具有运行可靠、稳定、速度快等优点，为计算机安全、正常、高效地运行提供了保障。

Windows XP 系统还大大增强了多媒体性能，对其中的媒体播放器进行了彻底的改造，使之与系统完全融为一体，用户无需安装其他的多媒体播放软件，使用系统自带的"娱乐"功能即可播放和管理各种格式的音频和视频文件。

Windows XP 不但使用更加成熟的技术，而且外观设计也焕然一新，桌面风格清新明快、优雅大方，用鲜艳的色彩代替了以往版本的灰色基调，给用户一种悦目的视觉效果。

总之，Windows XP 系统中增加了众多的新技术和新功能，使用户能轻松地完成各种管理和操作。

二、Windows XP 的新增功能

Windows XP 包含许多新增特性、改进程序以及工具，主要集中在用户界面、多媒体功能和网络

功能上，更加方便了用户的操作与管理。

1．用户登录界面

进入 Windows XP 后，将出现一个非常漂亮的用户登录界面，在外观上与以前的各个 Windows 版本都有很大的区别。在界面的右边列出了所有用户的账户，并且每个用户都配有一个图标，非常生动。用户的登录过程也进一步简化，不需要输入用户名，对于没有设置密码的账户，只需要单击用户图标即可登录，如图 2.1.1 所示。

图 2.1.1　Windows XP 的登录界面

2．强大的多媒体功能

Windows XP 内置了 Windows Media Player 8.0 多媒体播放器，如图 2.1.2 所示，在界面、音质方面都超过了以前的版本。在工作忙碌之余，用户可以听 CD，看 VCD，播放多种类型的多媒体文件等。Windows XP 还增加了 Windows Movie Maker（视频编辑制作）软件，完全可以满足家庭多媒体制作的要求。

图 2.1.2　多媒体播放器

3．网络功能

Windows XP 为用户提供了安全快捷的网络连接。Windows XP 继承了 Windows Me 网络连接的便捷性，无论是通过调制解调器上网，还是家庭小型网络，或者大型局域网，都可以在连接向导的帮助下非常方便地进行安装，如图 2.1.3 所示。

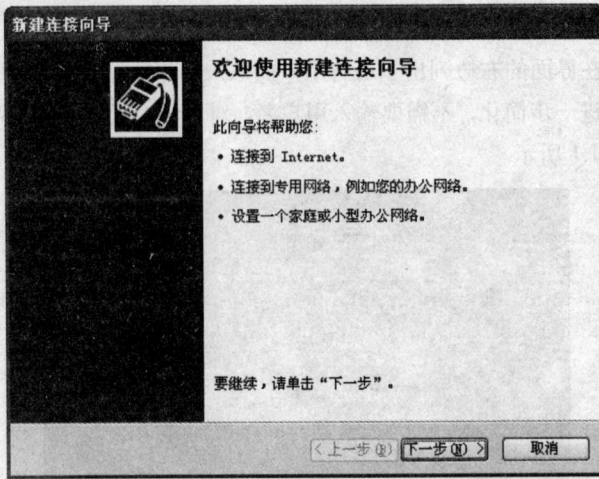

图 2.1.3　连接向导

注意：Windows XP 不能在 Windows 95/NT 环境下安装。

三、Windows XP 的启动

中文 Windows XP 的启动非常简单，安装完成后系统会自动启动中文 Windows XP。其方法与启动 Windows 98/Me/2000 类似，这里不再介绍。

四、Windows XP 的退出

当用户要结束对计算机的操作时，必须先退出 Windows XP 系统，然后再关闭计算机，否则会丢失文件或破坏程序。如果用户直接关机，而没有退出 Windows XP 系统，系统将认为是非法关机，下次开机时，系统将自动执行自检程序。

1．Windows XP 的注销

中文 Windows XP 是一个支持多用户的操作系统，为了便于不同的用户快速登录计算机，中文 Windows XP 提供了注销功能。用户不必重新启动计算机就可以实现多用户登录，不仅快捷方便，而且减少了对硬件的损耗。

注销 Windows XP 的具体操作步骤如下：

（1）单击 [开始] 按钮，打开"开始"菜单，如图 2.1.4 所示。

（2）在"开始"菜单下边单击 [注销] 按钮，弹出 注销 Windows 对话框，如图 2.1.5 所示。

（3）在该对话框中单击"注销"按钮，系统将保存设置并关闭当前登录用户。单击"切换用户"按钮，则是在不关闭当前登录用户的情况下切换到另一个用户，用户可以不关闭正在运行的程序，而当再次返回时系统会保留原来的状态。

图 2.1.4　"开始"菜单

图 2.1.5　"注销 Windows"对话框

2．关闭计算机

当用户不再使用计算机时，必须先退出 Windows XP 系统，然后才能关闭计算机。具体操作步骤如下：

（1）保存已经打开的文件和应用程序。

（2）单击 开始 按钮，在打开的"开始"菜单（见图 2.1.4）中单击 关闭计算机 按钮，弹出如图 2.1.6 所示的 关闭计算机 对话框。

图 2.1.6　"关闭计算机"对话框

（3）单击"关闭"按钮，即可安全地关闭计算机。

> 提示：如果用户需要重新启动计算机，则可单击"重新启动"按钮；如果用户暂时不用计算机，可以单击"待机"按钮，此时并不退出 Windows XP，而是转入低能耗状态，以便暂时不用计算机时能节省宝贵的能源。

第二节　桌面管理

当启动中文 Windows XP 后，在屏幕上即可显示其桌面，如图 2.2.1 所示。在 Windows XP 系统中，桌面是用户与系统交流信息并进行操作的地方，可视化的工作界面使用户对计算机的使用和管理变得非常方便。用户可以在桌面上存放经常使用的应用程序和文件夹图标，还可以根据自己的需要在桌面上添加各种快捷图标,在使用时双击图标就能够快速启动相应的应用程序或打开该文件。

通过桌面,用户可以有效地管理自己的计算机。本节将主要介绍中文 Windows XP 的桌面管理和设置,主要包括"开始"菜单、任务栏、我的电脑、网上邻居、回收站、查找等内容。

图 2.2.1　Windows XP 桌面

一、"开始"菜单

单击桌面上的 开始 按钮,打开"开始"菜单,由此开始 Windows XP 的操作和使用,如图 2.2.2 所示。

图 2.2.2　"开始"菜单

1."开始"菜单的使用

Windows XP 的"开始"菜单与 Windows 其他版本有很大的区别,它采用的双列形式代替了原来的单列形式,"开始"菜单的命令功能如下。

（1）顶端用户信息：当前的用户名和用户图标。

（2）最近打开的应用程序：共列出用户最近打开的 6 个应用程序的图标。

（3）所有程序：可执行程序的所有清单。

（4）我的文档：Windows XP 的文档目录。

（5）我最近的文档：显示最近打开过的 15 个文档清单。

（6）图片收藏：Windows XP 的"图片收藏"目录。

（7）我的音乐：Windows XP 的"我的音乐"目录。

（8）我的电脑：打开"我的电脑"窗口。

（9）网上邻居：打开"网上邻居"窗口。

（10）控制面板：打开"控制面板"窗口。

（11）打印机和传真：打开"打印机和传真"窗口。

（12）帮助和支持：获得 Windows XP 系统的帮助信息。

（13）搜索：在本地计算机或者 Internet 上查找文件或文件夹。

（14）运行：通过输入命令行来运行程序、打开文档或者浏览 Internet 资源。

（15）关闭系统：注销系统、待机、关闭计算机或重新启动计算机。

在 Windows XP 中，大部分应用程序都被分门别类地集中到"开始"菜单中。在"开始"菜单的左边列出了上网浏览和电子邮件两个最常用的工具和最近使用过的程序项。在"开始"菜单的右边列出了许多最常用的工具。

用户在"开始"菜单中还可以看到有些命令后面有一个小三角，这表示该命令还有子菜单，有的子菜单可能还有子菜单。将鼠标移到带小三角的命令上，其子菜单将自动打开，这样用户可以逐级打开子菜单，最后选择要运行的应用程序即可打开相应的应用程序，如图 2.2.3 所示。

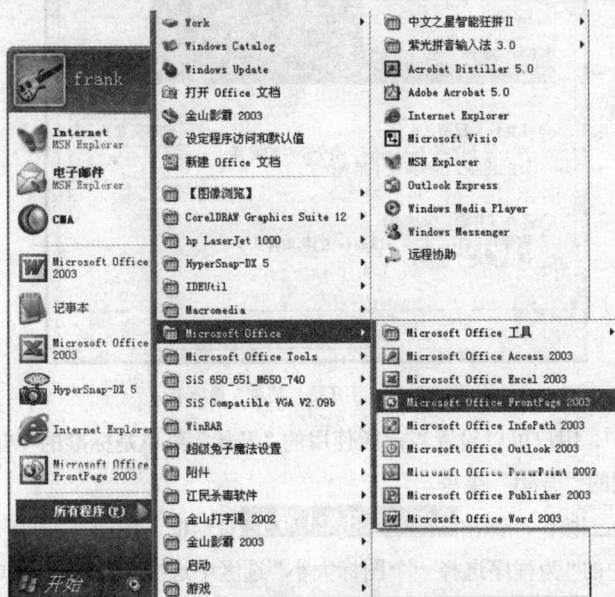

图 2.2.3 "开始"菜单中"所有程序"中的子菜单

提示：按快捷键"Ctrl+Esc"也可以打开"开始"菜单，在打开"开始"菜单后再按键盘上的方向键选定需要的命令，然后按回车键即可打开相应的应用程序。

2."开始"菜单的设置

"开始"菜单可以方便地进行设置,具体操作步骤如下:

(1)在 开始 按钮上单击鼠标右键,在弹出的如图 2.2.4 所示的快捷菜单中选择 属性(R) 命令,弹出 任务栏和「开始」菜单属性 对话框,打开 「开始」菜单 选项卡,如图 2.2.5 所示。

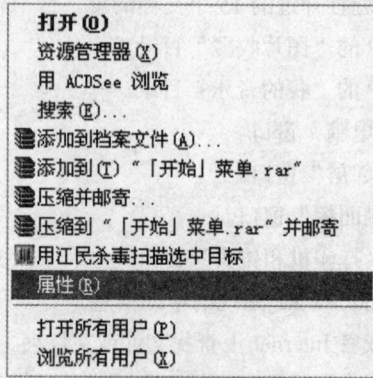

```
打开(O)
资源管理器(X)
用 ACDSee 浏览
搜索(E)...
添加到档案文件(A)...
添加到(T)"「开始」菜单.rar"
压缩并邮寄...
压缩到"「开始」菜单.rar"并邮寄
用江民杀毒扫描选中目标
属性(R)

打开所有用户(P)
浏览所有用户(X)
```

图 2.2.4　快捷菜单

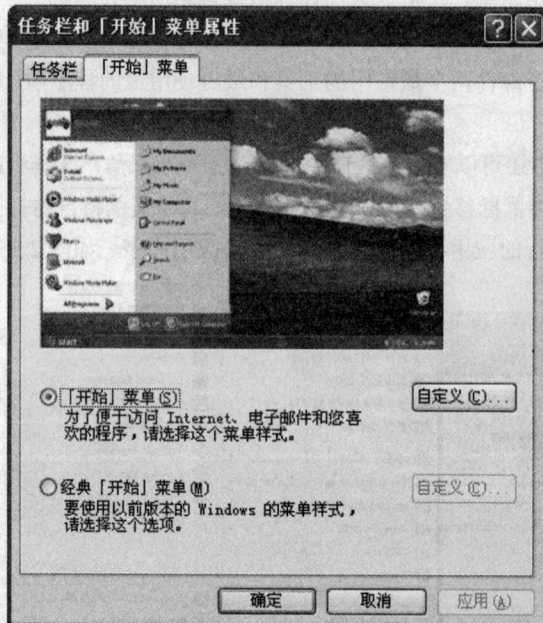

图 2.2.5　"「开始」菜单"选项卡

(2)在该选项卡中,用户可以设置当前所使用的"开始"菜单是标准的 Windows XP 类型的"开始"菜单还是经典类型的"开始"菜单。

(3)单击 自定义(C)... 按钮,弹出 自定义「开始」菜单 对话框,如图 2.2.6 所示。

(4)在该对话框中的"为程序选择一个图标大小"选区中选中 ● 小图标(S) 单选按钮,可以在"开始"菜单中以较小的图标显示各个程序命令。在"程序"选区中用户可以指定在"开始"菜单中显示的常用快捷方式的个数,系统默认为 6 个。如果单击 清除列表(C) 按钮,可清除"开始"菜单上所有的快捷方式。用户还可以选中 ☑ Internet(I) 和 ☑ 电子邮件(E) 复选框,并在其后的下拉列表中选择指定所使用的程序。

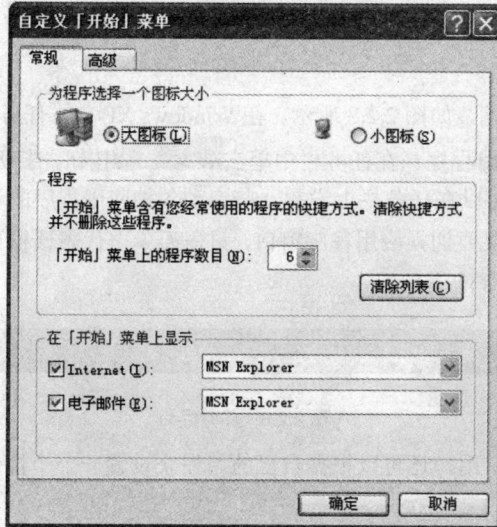

图 2.2.6 "自定义「开始」菜单"对话框

（5）打开 高级 选项卡，如图 2.2.7 所示。

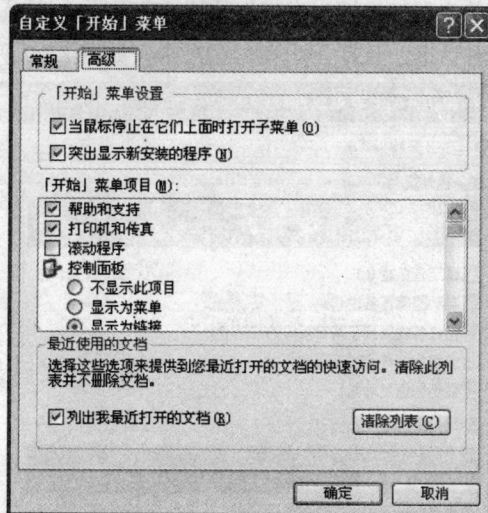

图 2.2.7 "高级"选项卡

（6）在 高级 选项卡中的"「开始」菜单设置"选区中选中 ☑当鼠标停止在它们上面时打开子菜单(O) 复选框，当鼠标停在菜单上时即可打开子菜单；选中 ☑突出显示新安装的程序(N) 复选框，即可在"开始"菜单中突出显示新安装的程序。在"「开始」菜单项目"选区的列表框中可以指定当前"开始"菜单中显示的内容。在"最近使用的文档"选区中选中 ☑列出我最近打开的文档(R) 复选框，则可提供用户最近打开的文档的快速访问。单击 清除列表(C) 按钮，则清除最近使用的文档列表。

注意：单击 清除列表(C) 按钮，清除最近使用的文档列表，但并不删除文档。

（7）设置完成后，单击 确定 按钮，完成"开始"菜单的设置操作。

二、任务栏

任务栏位于桌面的最底端，如图 2.2.8 所示。在 Windows XP 中，任务栏是一个非常重要的工具，通过任务栏可以快速启动应用程序。在任务栏中单击 开始 按钮，打开"开始"菜单，开始进行用户的工作。另外，用户还可以在任务栏上设置一些启动各种应用程序的快捷方式。在设置后任务栏上就会出现相应的按钮。如果要切换应用程序窗口，只需要单击代表该窗口的按钮即可。关闭一个窗口后，其按钮也会从任务栏上消失。

图 2.2.8　任务栏

在使用任务栏的过程中，用户还可以根据自己的习惯来设置一个个性化的任务栏，这样可以方便用户的管理和使用。

1．设置任务栏属性

设置任务栏属性的具体操作步骤如下：

（1）在任务栏的空白处单击鼠标右键，在弹出的快捷菜单中选择 属性(R) 命令，弹出 任务栏和「开始」菜单属性 对话框，且打开 任务栏 选项卡，如图 2.2.9 所示。

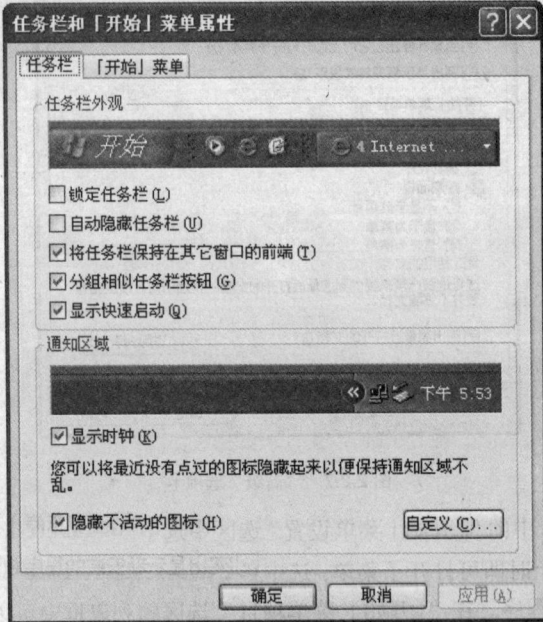

图 2.2.9　"任务栏"选项卡

（2）在 任务栏 选项卡中的"任务栏外观"选区中有 5 个复选框，分别为：

☑锁定任务栏(L)：选中该复选框，则不能改变任务栏的位置和大小。

☑自动隐藏任务栏(U)：选中该复选框，当任务栏不使用时将自动隐藏起来，避免总是占据着屏幕空间，如图 2.2.10 所示。

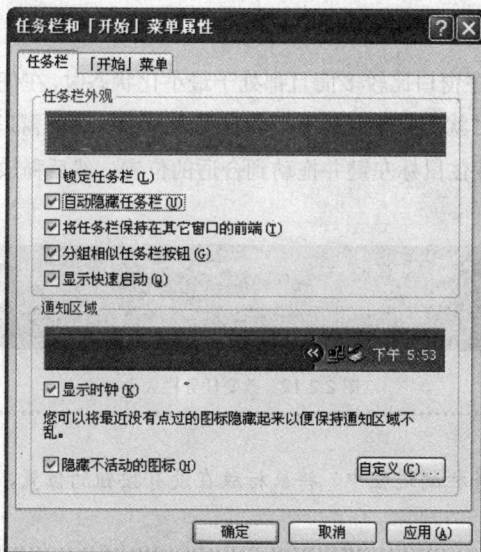

图 2.2.10　隐藏任务栏

> 提示：当任务栏隐藏后，将在隐藏任务栏的桌面的边缘出现一条细线，表示任务栏隐藏在此位置。

☑将任务栏保持在其它窗口的前端(T)：选中该复选框，如果用户打开很多的应用程序窗口，任务栏总是在最前端，而不会被其他窗口挡住。

☑分组相似任务栏按钮(G)：选中该复选框，将相同的程序按钮放在一起。

☑显示快速启动(Q)：选中该复选框，将在任务栏中显示快速启动图标，以便快速启动这些应用程序。

（3）在"通知区域"选区中有两个复选框，选中☑显示时钟(K)复选框，可在状态区中显示时间；选中☑隐藏不活动的图标(H)复选框，可对不活动的项目进行隐藏，以便保持通知区域的简洁明了。

（4）单击自定义(C)...按钮，弹出自定义通知对话框，用户可以在该对话框中对图标进行显示或隐藏设置，如图 2.2.11 所示。

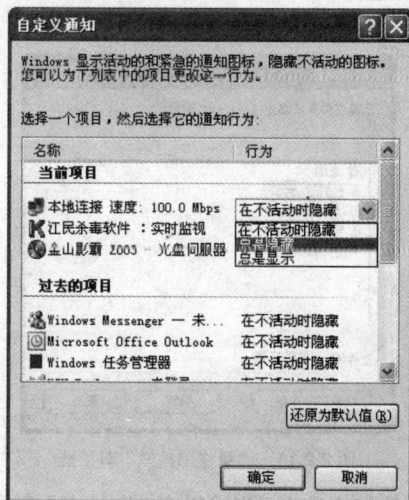

图 2.2.11　"自定义通知"对话框

2．改变任务栏大小

有时用户打开的应用程序窗口比较多而且都处于最小化状态时，在任务栏上显示的按钮将变得很小，用户观察很不方便。这时就需要改变任务栏的宽度来显示所有的窗口。将鼠标放在任务栏的边缘上，当鼠标变为 ↕ 形状时，按住鼠标左键并拖动到合适的位置，然后释放鼠标，任务栏即可显示所有的按钮，如图 2.2.12 所示。

图 2.2.12　改变任务栏大小

注意：在使用任务栏的过程中，将鼠标放在没有按钮的位置，然后拖动任务栏，可将任务栏移动到窗口的任意位置。

3．添加工具栏

除了系统默认的工具栏之外，其他的工具栏都需要用户手动添加。在任务栏的空白区域单击鼠标右键，在弹出的 工具栏(T) 快捷菜单中的子菜单中选择所要添加的工具栏名称，如图 2.2.13 所示，此时在任务栏上就会出现添加的内容。

图 2.2.13　"工具栏"子菜单

4．创建工具栏

如果要创建自己的工具栏，可选择 新建工具栏(N) 命令，弹出 新建工具栏 对话框，如图 2.2.14 所示。

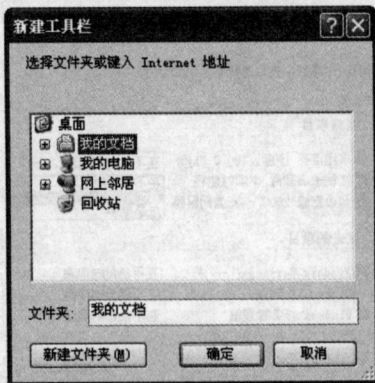

图 2.2.14　"新建工具栏"对话框

在列表框中选择要新建工具栏的文件夹，也可以在"文件夹"右侧的文本框中输入 Internet 地址。选择好后，单击 确定 按钮即可在任务栏上创建自己的工具栏。

提示：当需要删除自己创建的工具栏时，用户只需要取消"工具栏"菜单中该工具栏前面的选取标记"√"即可。

三、我的电脑

在默认方式下，"我的电脑"是 Windows XP 桌面上的一个图标。双击"我的电脑"图标，可以打开"我的电脑"窗口，如图 2.2.15 所示。

图 2.2.15 "我的电脑"窗口

在"我的电脑"窗口中可以查看用户计算机的各种信息，如文件、文件夹或所有的磁盘驱动器。

用户可以双击某个磁盘驱动器，例如双击 WINDOWS XP (D:) 图标，则可以打开 WINDOWS XP (D:) 窗口，如图 2.2.16 所示。用户可以逐级打开需要的文件。

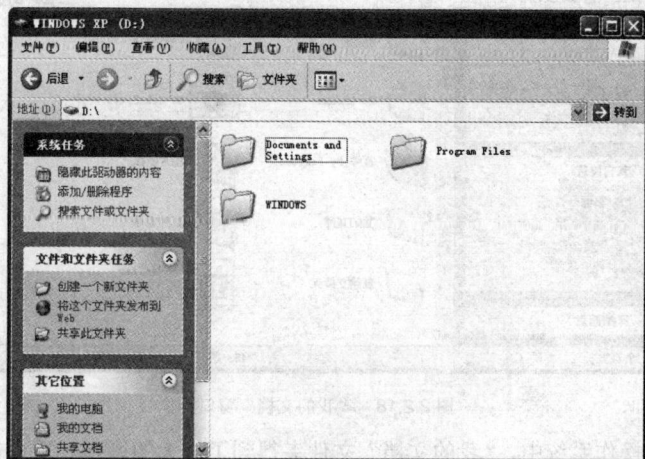

图 2.2.16 "Windows XP（D：）"窗口

四、网上邻居

在桌面上用鼠标双击"网上邻居"图标 ，打开"网上邻居"窗口，如图 2.2.17 所示。用户可以在此窗口中看到本网络组与本机相连的其他计算机，并且可以查看所有的可共享资源，用户可利用它很方便地进行两台计算机之间的信息交换。

图 2.2.17 　"网上邻居"窗口

五、我的文档

在桌面上双击"我的文档"图标 ，打开"我的文档"窗口，如图 2.2.18 所示。

图 2.2.18 　"我的文档"窗口

在 Windows XP 操作系统中，"我的文档"文件夹得到了极大的增强。用户保存和查找信息有了统一的位置。除非某个程序明确要求用户将文件保存在其他文件夹中，否则 Windows XP 都会将文件保存到"我的文档"文件夹中。

六、回收站

在桌面上双击"回收站"图标 回收站，打开"回收站"窗口，如图 2.2.19 所示。

图 2.2.19 "回收站"窗口

回收站可以说是 Windows XP 中的一个比较特殊的文件夹，它的主要功能是用户删除不需要的文件或文件夹等资料时，Windows XP 将被删除的资料放在回收站中，而不是将它们立即删除。这样就给由于误操作而删除的文件提供了一个补救的措施，使被误删除的文件或文件夹能够得以恢复。

1．恢复文件

从"回收站"窗口中恢复文件的具体操作步骤如下：

（1）选中所要恢复的文件。

（2）选择 文件(F) → 还原(E) 命令，或者在所要恢复的文件上双击，在弹出的如图 2.2.20 所示的 属性 对话框中单击 还原 按钮，此时文件将被恢复到原来删除时的位置。

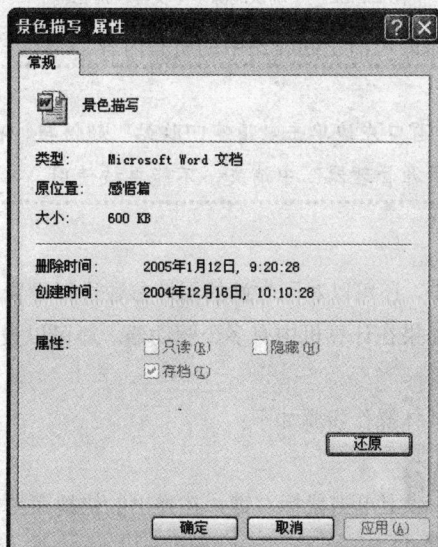

图 2.2.20 "属性"对话框

（3）文件恢复后，在"回收站"窗口中已经看不到所选择的文件，而在被恢复的文件的原位置可以看到被恢复的文件。

2．删除文件

从"回收站"窗口中删除文件的具体操作步骤如下：

（1）选中所要删除的文件。

（2）选择 文件(F) → 删除(D) 命令，或者直接按"Delete"键，系统将弹出如图 2.2.21 所示的 确认文件删除 对话框。

图 2.2.21　"确认文件删除"对话框

（3）单击 是(Y) 按钮，即可将所选择的文件从回收站中删除。

3．清空回收站

如果回收站中的所有文件都不再需要，可以将回收站一次全部清空，具体操作步骤如下：

（1）选择 文件(F) → 清空回收站(B) 命令，将弹出 确认删除多个文件 对话框，如图 2.2.22 所示。

图 2.2.22　"确认删除多个文件"对话框

（2）单击 是(Y) 按钮即可清空回收站中的所有内容。

提示：在"回收站"窗口左边单击"清空回收站"超链接，也可以清空回收站。清空回收站后，被删除的文件也将从"资源管理器"中消失，不能再被使用。

4．回收站的设置

用户在使用回收站的过程中，还可以对回收站的属性参数进行设置。例如回收站的大小、是否将删除的项目放入回收站中等。如果在计算机中有多个驱动器，还可以设置回收站在每个驱动器上所占有的空间大小。

设置回收站的属性参数的具体操作步骤如下：

（1）在"回收站"图标 回收站 上单击鼠标右键，在弹出的快捷菜单中选择 属性(R) 命令，弹出 回收站 属性 对话框，如图 2.2.23 所示。

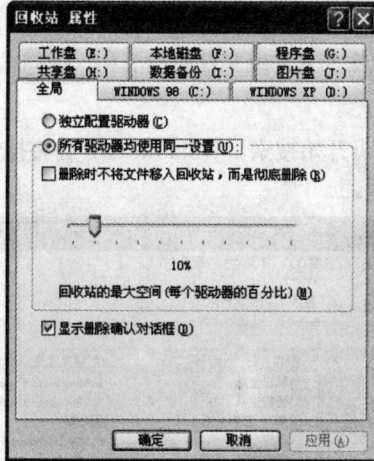

图 2.2.23　"回收站属性"对话框

（2）打开 全局 选项卡，选中 ◉独立配置驱动器(C) 单选按钮，然后打开需要设置驱动器的选项卡，可以对每个驱动器分别进行设置；选中 ◉所有驱动器均使用同一设置(U) 单选按钮，可以将各磁盘驱动器的回收站设置为同样的参数。

（3）选中 ☑删除时不将文件移入回收站，而是彻底删除(R) 复选框，可将删除的文件不放入回收站中，但这样被删除的文件不能再恢复。

（4）选中 ☑显示删除确认对话框(D) 复选框，可在删除文件时出现确认信息。

（5）设置完成后，单击 应用(A) 和 确定 按钮使设置生效。

七、搜索

有时用户需要查看某个文件或文件夹的内容，但是却忘记了该文件或文件夹的具体名称或存放的位置，所以查找起来很麻烦。Windows XP 提供的搜索文件或文件夹功能则可以帮助用户方便地查找该文件或文件夹。

搜索文件或文件夹的具体操作步骤如下：

（1）单击 开始 按钮，在弹出的快捷菜单中选择 ●搜索(S) 命令，打开 搜索结果 窗口，如图 2.2.24 所示。

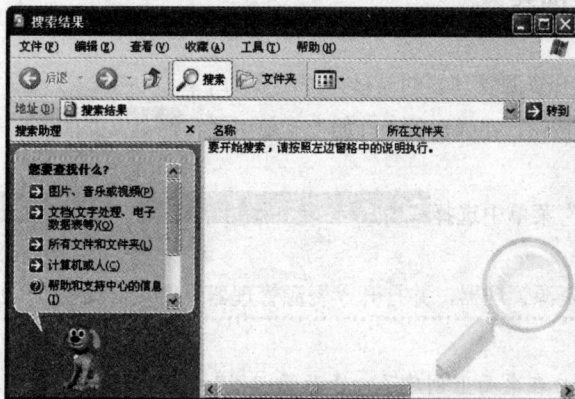

图 2.2.24　"搜索结果"窗口

（2）在"您要查找什么？"列表框中选择所要查找的选项，例如选择 <kbd>→ 所有文件和文件夹(L)</kbd> 选项，在"全部或部分文件名"文本框中输入文件或文件夹的名称，例如输入"感悟生活"。在"这里寻找"下拉列表中选择要搜索的范围。

（3）单击 <kbd>搜索(R)</kbd> 按钮，即可开始搜索。Windows XP 会将搜索结果显示在 <kbd>搜索结果</kbd> 窗口右侧的空白区域中，如图 2.2.25 所示。

图 2.2.25　显示搜索结果

（4）如果要停止搜索，可单击 <kbd>停止(S)</kbd> 按钮。

（5）在搜索到的文件或文件夹上双击鼠标左键，即可打开该文件或文件夹。

第三节　资源管理器

资源管理器是 Windows XP 中另一个常用来管理文件的工具，它显示了用户计算机上的文件、文件夹和驱动器的分支结构。使用资源管理器可以查看文件夹的层次结构，也可以查看每一个文件中所包含的内容。同时，在 Windows XP 资源管理器中也可以对文件或文件夹进行管理操作。

一、启动资源管理器

在 Windows XP 中打开资源管理器的具体操作步骤如下：

（1）单击 <kbd>开始</kbd> 按钮，在弹出的"开始"菜单中选择 <kbd>所有程序(P)</kbd> 命令，系统弹出"所有程序"菜单。

（2）在"所有程序"菜单中选择 <kbd>附件</kbd> → <kbd>Windows 资源管理器</kbd> 命令，如图 2.3.1 所示。

（3）系统即可启动资源管理器，并打开"资源管理器"窗口，如图 2.3.2 所示。

注意：如果用户在桌面上创建了"资源管理器"的快捷方式，则只要双击该图标，即可启动"资源管理器"。

图 2.3.1　选择"Windows 资源管理器"命令

图 2.3.2　资源管理器窗口

在 Windows XP 的"资源管理器"窗口中有两个部分：左边部分显示的是文件夹树，右边部分是当前文件夹中的所有文件和文件夹名。左右两个部分之间有个分隔条，用鼠标拖动可使左右部分的大小随之改变。

在 Windows XP 的"资源管理器"窗口的左上方的"桌面"图标 🖥 桌面 中包含了系统的所有文件和所有的管理窗口，是最大的文件夹。同时还可以看到在某些文件夹的前面有一个 ⊞ 图标，表示该文件夹中还有子文件夹或文件，单击 ⊞ 图标，将展开该文件夹的所有子文件夹或文件，同时 ⊞ 图标变为 ⊟ 图标。单击 ⊟ 图标，即可折叠该文件夹。

二、改变文件和文件夹的显示方式

在 Windows XP 资源管理器中，单击"查看"按钮 ▦ ，弹出其下拉菜单，如图 2.3.3 所示，其中包含了文件和文件夹的 5 种显示方式。

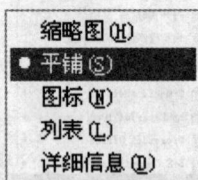

图 2.3.3　"查看"下拉菜单

1. 缩略图显示

在 Windows XP 的"资源管理器"窗口中，选择 查看(V) → 缩略图(H) 命令，窗口右边将用缩略图方式显示左边部分所选择的内容，如图 2.3.4 所示。

图 2.3.4　"缩略图"方式显示文件夹

2. 平铺显示

在 Windows XP 的"资源管理器"窗口中，选择 查看(V) → 平铺(S) 命令，窗口右边将用平铺方式显示左边部分所选择的内容，如图 2.3.5 所示。在 Windows XP 系统中，平铺显示是默认的文件显示方式。

图 2.3.5　"平铺"方式显示文件夹

3. 图标显示

在 Windows XP 的"资源管理器"窗口中选择 [查看(V)] → [图标(N)] 命令，窗口右边将用图标方式显示左边部分所选择的内容，如图 2.3.6 所示。

图 2.3.6 "图标"方式显示文件夹

4. 列表显示

在 Windows XP 的"资源管理器"窗口中，选择 [查看(V)] → [列表(L)] 命令，窗口右边将用列表的方式显示左边部分所选择的内容，如图 2.3.7 所示。

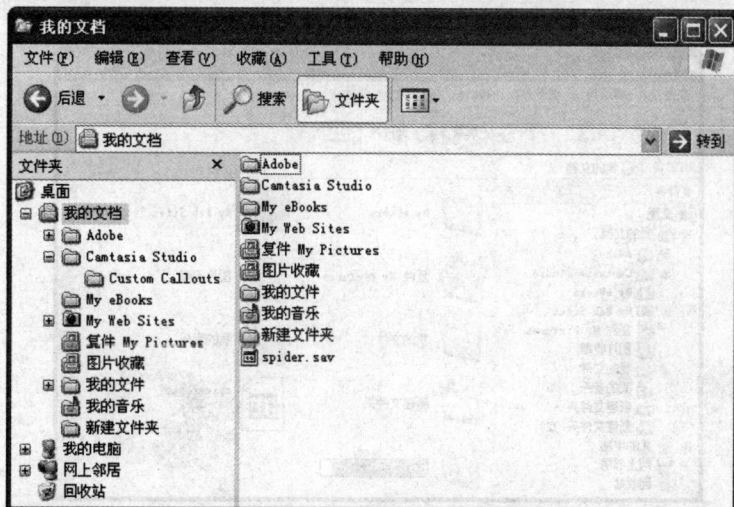

图 2.3.7 "列表"方式显示文件夹

5. 详细信息显示

在 Windows XP 的"资源管理器"窗口中，选择 [查看(V)] → [详细信息(D)] 命令，窗口右边将用详细信息的方式显示左边部分所选择的内容，并且显示文件或文件夹的修改时间，文件的大小，所属的类型等详细信息，如图 2.3.8 所示。

图 2.3.8　"详细信息"方式显示文件

三、创建新的文件夹

用户在 Windows XP 资源管理器中管理文件时，常常需要创建一个新的文件夹，以存放具有相同类型或相近形式的文件。创建新的文件夹的具体操作步骤如下：

（1）在 Windows XP 资源管理器中选择要创建新文件夹的文件夹，例如"我的文档"。

（2）选择 文件(F) → 新建(W) ▶ □ 文件夹(F) 命令，或者单击鼠标右键，在弹出的快捷菜单中选择 新建(W) ▶ □ 文件夹(F) 命令，即可创建一个新的文件夹，如图 2.3.9 所示。

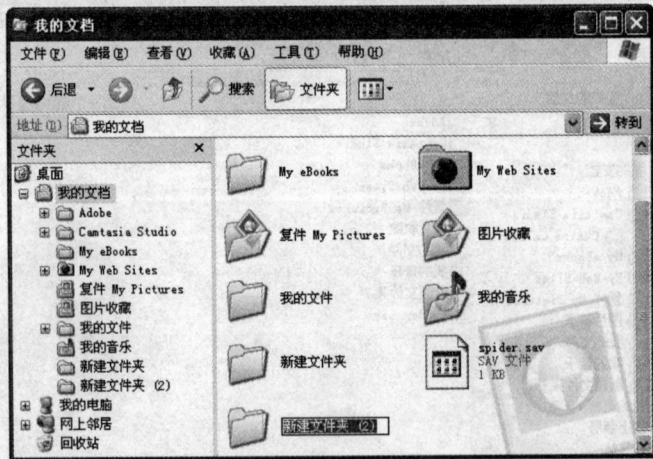

图 2.3.9　创建新的文件夹

（3）在新建的文件夹名称文本框中输入文件夹的名称，按回车键或者用鼠标单击其他空白位置即可。

四、重命名文件和文件夹

在文件和文件夹的管理过程中，有时为了更符合用户的要求，需要给文件和文件夹重命名。重命名文件和文件夹的具体操作步骤如下：

（1）选择要重命名的文件和文件夹。

（2）选择 文件(F) → 重命名(M) 命令，或者在选中的文件或文件夹上单击鼠标右键，在弹出的快捷菜单中选择 重命名(M) 命令。

（3）此时文件和文件夹的名称处于可编辑状态，用户可以直接输入新的文件名称，然后按回车键表示确认。

五、文件和文件夹的复制、移动和删除

在实际的应用中，有时用户需要将某个文件和文件夹复制或移动到其他地方以便使用，在不需要的时候还可将文件和文件夹删除以释放内存。

1．复制和移动文件和文件夹

复制和移动文件和文件夹的具体操作步骤如下：

（1）选择要进行复制和移动的文件和文件夹。

（2）选择 编辑(E) → 剪切(T) Ctrl+X 或 复制(C) Ctrl+C 命令，或者在选中的文件和文件夹上单击鼠标右键，在弹出的快捷菜单中选择 剪切(T) 或 复制(C) 命令。

（3）选择文件和文件夹要移动和复制的目标位置。

（4）选择 编辑(E) → 粘贴(P) Ctrl+V 命令，或者单击鼠标右键，在弹出的快捷菜单中选择 粘贴(P) 命令即可。

> 提示：按住“Ctrl”键，然后用鼠标左键逐个选中需要复制和移动的文件和文件夹，用户可以一次选定一个或多个文件和文件夹，如图 2.3.10 所示。如果需要选定连续的文件和文件夹，可先选定第一个文件和文件夹，然后按住“Shift”键，再选定最后一个文件和文件夹，这时它们中间的文件和文件夹都将被选中。

图 2.3.10　选择多个文件和文件夹

2．删除文件和文件夹

当一个文件和文件夹不再需要时，用户可以将其删除，以释放磁盘空间来存放其他文件。删除文

件和文件夹的具体操作步骤如下：

（1）首先选择要删除的文件和文件夹，可选择一个或多个文件和文件夹，例如选定多个文件和文件夹。

（2）选择 文件(F) → 删除(D) 命令，或者单击鼠标右键，在弹出的快捷菜单中选择 删除(D) 命令，弹出 确认删除多个文件 对话框，如图 2.3.11 所示。

图 2.3.11 "确认删除多个文件"对话框

（3）在该对话框中单击 是(Y) 按钮，可将被删除的文件和文件夹放入回收站中，单击 否(N) 按钮，则取消该次操作。

> 提示：在选择要删除的文件和文件夹后，按"Delete"键也可进行删除操作，按"Shift + Delete"快捷键将永久性删除所选择的文件和文件夹。

六、更改文件和文件夹属性

在中文 Windows XP 中，文件和文件夹的属性有 3 种：只读、隐藏和存档。更改文件和文件夹属性的具体操作步骤如下：

（1）选择要更改属性的文件和文件夹。

（2）选择 文件(F) → 属性(R) 命令，或者在选中的文件和文件夹上单击鼠标右键，在弹出的快捷菜单中选择 属性(R) 命令，弹出 新建文件夹 属性 对话框，如图 2.3.12 所示。

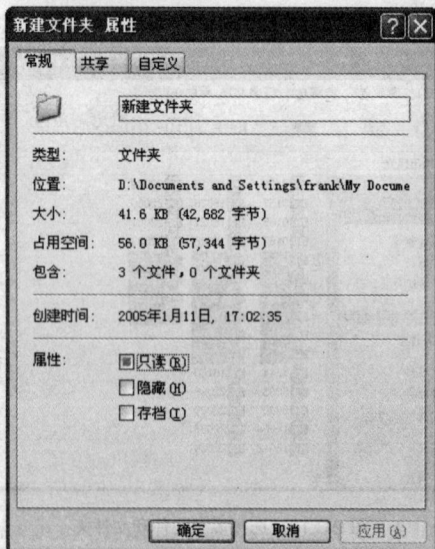

图 2.3.12 "新建文件夹属性"对话框

（3）在该对话框中的"属性"选区中有 只读(R) 、 隐藏(H) 和 存档(I) 3 个复选框，其作用分别如下：

☑只读(R)：选中该复选框，则文件和文件夹不允许更改和删除。

☑隐藏(H)：选中该复选框，则文件和文件夹在常规显示中将不能被看到。

☑存档(I)：选中该复选框，则表示文件和文件夹已经被存档，在关闭此文件和文件夹时将提示用户是否保存修改结果。

（4）选中需要的属性复选框，然后单击 应用(A) 按钮，弹出 确认属性更改 对话框，如图 2.3.13 所示。

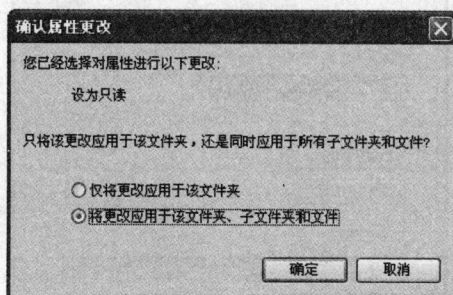

图 2.3.13 "确认属性更改"对话框

（5）在该对话框中选中 ⊙仅将更改应用于该文件夹 或 ⊙将更改应用于该文件夹、子文件夹和文件 单选按钮，单击 确定 按钮，返回到 新建文件夹 属性 对话框。

（6）单击 确定 按钮，即可应用该属性。

（7）在 新建文件夹 属性 对话框中打开 共享 选项卡，如图 2.3.14 所示。在该选项卡中的"网络共享和安全"选区中选中 ☑在网络上共享这个文件夹(S) 复选框，单击 应用(A) 和 确定 按钮后即可在网络上共享这个文件夹的资源。

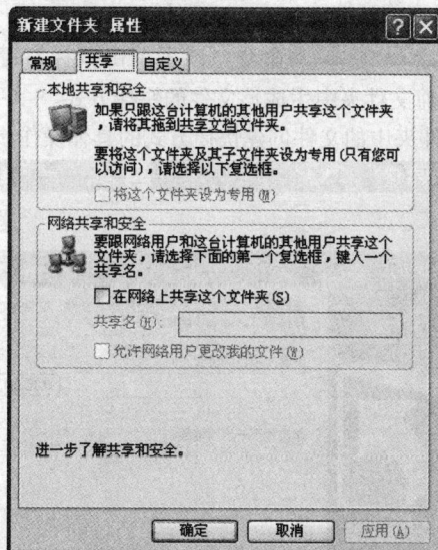

图 2.3.14 "共享"选项卡

提示：在选定的文件夹上单击鼠标右键，在弹出的快捷菜单中选择 共享和安全(H)... 命令，也可以打开 共享 选项卡。

（8）在 新建文件夹 属性 对话框中打开 自定义 选项卡，如图 2.3.15 所示。在该选项卡中用户可以设置文件夹的类型和文件夹的图标，单击 更改图标(I)... 按钮，在弹出的 为文件夹类型 成书备份 更改图标 对话框中也可以设置文件夹的图标。

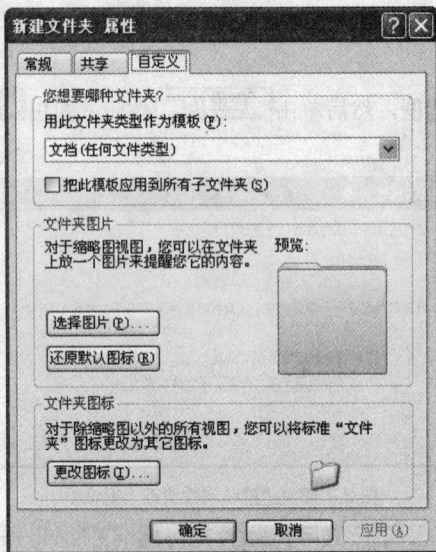

图 2.3.15 "自定义" 选项卡

七、创建快捷方式

用户还可以为经常使用的文件夹创建快捷方式，这样可以大大方便操作。其具体操作步骤如下：

（1）选定需要创建快捷方式的文件。

（2）选择 文件(F) → 创建快捷方式(S) 命令，或者单击鼠标右键，在弹出的快捷菜单中选择 创建快捷方式(S) 命令，可在当前文件夹中生成该文件的快捷方式。

在当前文件夹中为其他文件夹中的文件创建快捷方式的具体操作步骤如下：

（1）选择 文件(F) → 新建(R) ▶ → □ 快捷方式(S) 命令，弹出 创建快捷方式 对话框，如图 2.3.16 所示。

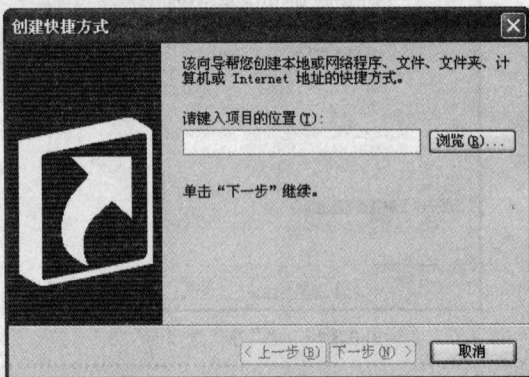

图 2.3.16 "创建快捷方式" 对话框

（2）在"请键入项目的位置"文本框中输入要创建快捷方式的文件夹的路径，或者单击 浏览(R)... 按钮，在弹出的如图 2.3.17 所示的 浏览文件夹 对话框中选择文件夹的路径。

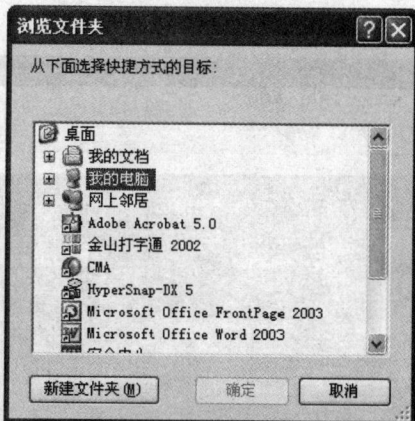

图 2.3.17　"浏览文件夹"对话框

（3）在 创建快捷方式 对话框中单击 下一步(N) > 按钮，弹出 选择程序标题 对话框，如图 2.3.18 所示。

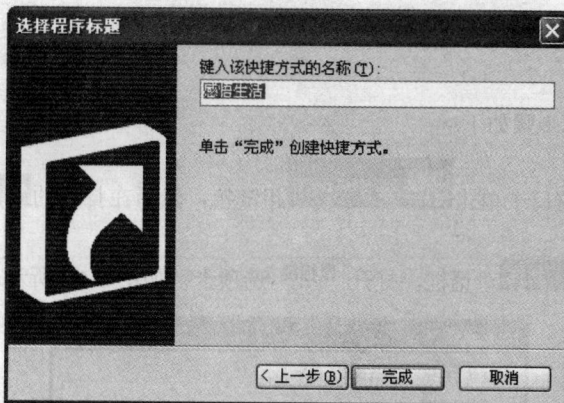

图 2.3.18　"选择程序标题"对话框

（4）在"键入该快捷方式的名称"文本框中输入快捷方式的名称，然后单击 完成 按钮。

第四节　控制面板

Windows XP 为用户提供了一个控制面板，它是一组应用程序，可以让用户对系统资源进行自由灵活地配置，使 Windows XP 按照个人爱好方式运行。

单击 开始 按钮，在弹出的"开始"菜单中选择 控制面板(C) 命令，打开 控制面板 窗口，如图 2.4.1 所示。从图中可以看出，Windows XP 的控制面板与其他版本相比，外观有所改变，使用户查看和使用更加方便灵活。

一、鼠标和键盘的设置

鼠标和键盘是操作计算机过程中使用最频繁的设备之一，几乎所有的操作都要用到鼠标和键盘。在 Windows XP 操作系统中，用户可以根据自己的需要对鼠标和键盘的参数进行设置，使其符合自己

的习惯和喜好。

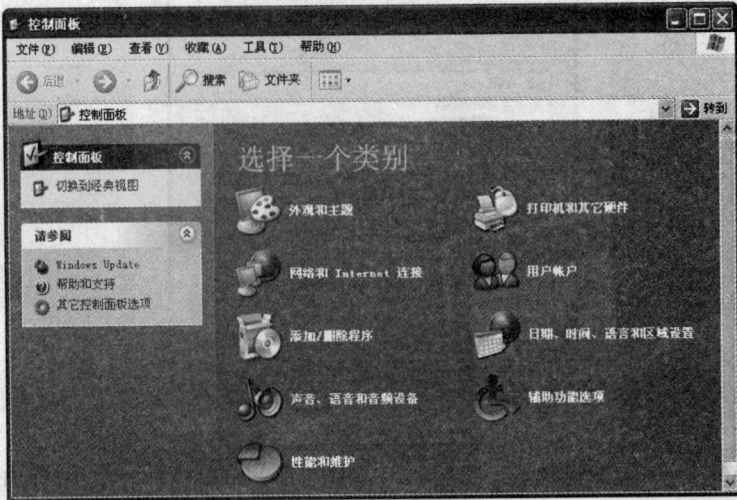

图 2.4.1 "控制面板"窗口

1. 设置鼠标

设置鼠标的具体操作步骤如下：

（1）在 控制面板 窗口中单击 打印机和其它硬件 超链接，然后在打开的 打印机和其它硬件 窗口中单击 鼠标 图标，弹出 鼠标 属性 对话框，打开 鼠标键 选项卡，如图 2.4.2 所示。

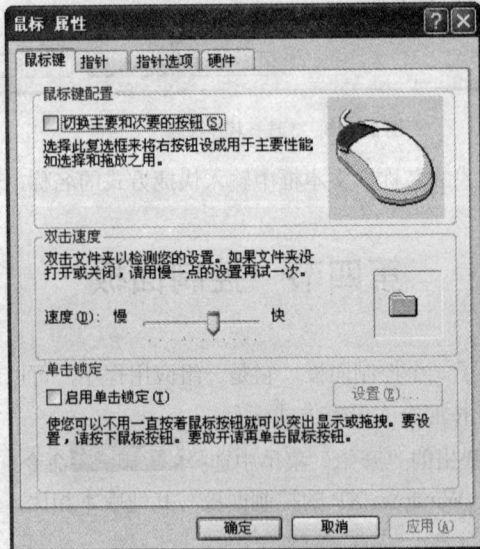

图 2.4.2 "鼠标键"选项卡

（2）在该选项卡的"鼠标键配置"选区中，可将鼠标设置为左手习惯或者右手习惯。在默认情况下，系统将左键设置为主要键，如果选中 切换主要和次要的按钮(S) 复选框，则将右键设置为主要键，即将鼠标设置为右手习惯。在"双击速度"选区中拖动滑块可调整鼠标的双击速度。

（3）在 鼠标 属性 对话框中打开 指针 选项卡，如图 2.4.3 所示。在该选项卡的"方案"下拉列表中提供了许多种鼠标指针的显示方案，用户可以根据自己的喜好来选择鼠标指针。在"自定义"列表框中显示了该方案中鼠标指针在各种状态下显示的样式。如果用户对这些样式还不满意，可以在选中鼠标指针样式的情况下，单击 浏览(B)... 按钮，在弹出的如图 2.4.4 所示的 浏览 对话框中选择一种喜欢的鼠标指针样式，然后单击 打开(O) 按钮，即可将所选样式应用到所选鼠标指针方案中。如果用户还希望鼠标指针带有阴影，可选中 ☑启用指针阴影(E) 复选框。

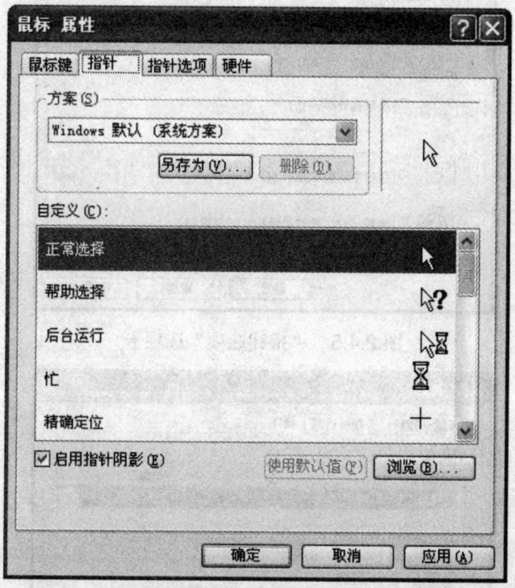

图 2.4.3　"指针"选项卡

图 2.4.4　"浏览"对话框

（4）在 鼠标 属性 对话框中打开 指针选项 选项卡，如图 2.4.5 所示。在该选项卡中的"移动"选区中可以更改鼠标的移动速度。在"取默认按钮"选区中选中 ☑自动将指针移动到对话框中的默认按钮(U) 复选框，则在打开对话框时，鼠标指针将自动放在默认的按钮上。在"可见性"选区中选中 ☑显示指针踪迹(D) 复选框，可在移动鼠标指针时显示指针的移动轨迹，同时还可以拖动滑块来调节鼠标轨迹的长度。

（5）在 鼠标 属性 对话框中打开 硬件 选项卡，如图 2.4.6 所示。在该选项卡中显示了设备的名称、类型及属性。单击 疑难解答(T)... 按钮可得到有关问题的帮助信息，单击 属性(R) 按钮可在弹出的如图 2.4.7 所示的 Microsoft PS/2 Mouse 属性 对话框中显示出当前鼠标的常规属性、高级设置和启动器程序等信息。

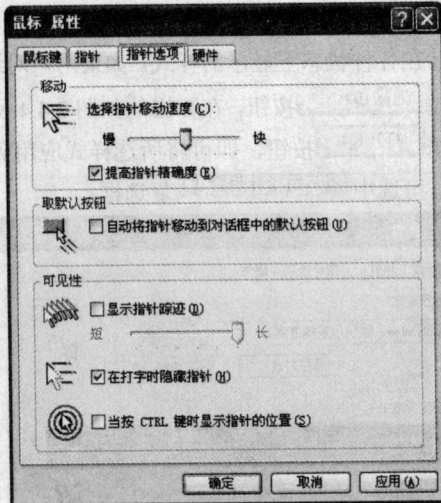

图 2.4.5　"指针选项"选项卡

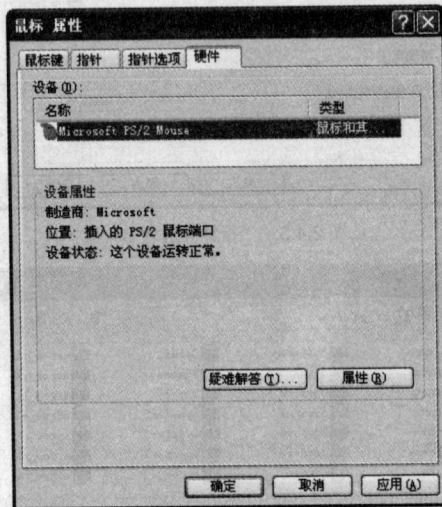

图 2.4.6　"硬件"选项卡

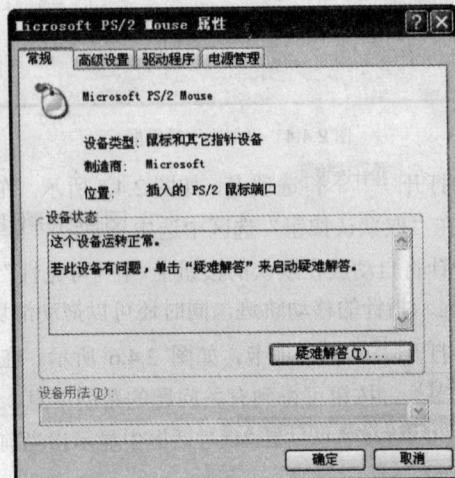

图 2.4.7　"Microsoft PS/2 Mouse 属性"对话框

（6）鼠标的所有参数设置完后，单击 应用(A) 和 确定 按钮即可。

2. 设置键盘

设置键盘的具体操作步骤如下：

（1）在 控制面板 窗口中单击 打印机和其它硬件 超链接，然后在打开的 打印机和其它硬件 窗口中单击 键盘 图标，弹出 键盘 属性 对话框，打开 速度 选项卡，如图 2.4.8 所示。

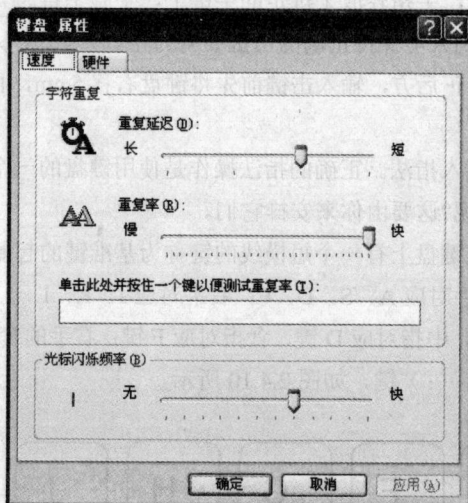

图 2.4.8　"速度"选项卡

（2）在该选项卡中的"字符重复"选区中拖动"重复延迟"中的滑块，可调整在键盘上按住一个键需要多长时间才开始重复输入该键，拖动"重复率"中的滑块，可调整输入重复字符的速率。在"光标闪烁频率"选区中拖动滑块可以调整光标的闪烁频率。

（3）在 键盘 属性 对话框中打开 硬件 选项卡，如图 2.4.9 所示。在该选项卡中显示了键盘名称、类型、制造商、位置及设备状态等硬件信息。

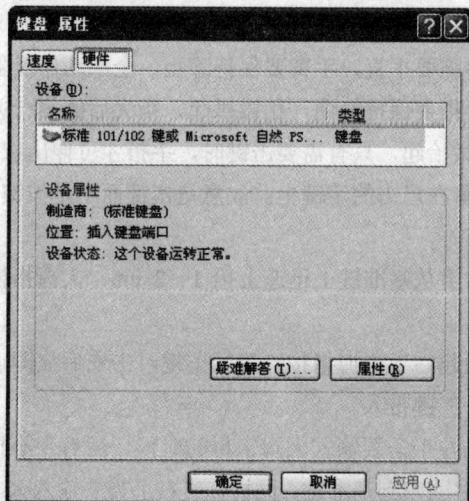

图 2.4.9　"硬件"选项卡

（4）键盘的所有参数设置完成后，单击 应用(A) 和 确定 按钮即可。

要想使用键盘输入所需要的内容，必须要有一个标准的输入方法，例如使用键盘操作时要有一个正确的姿势。

（1）键盘操作的正确姿势。正确的姿势有利于打字输入的准确和速度，错误的姿势不利于准确快速地输入，也有害于健康和风度。因此，我们平时使用时要注意以下几点：

1）坐姿要端正，并稍偏于键盘右方。

2）双脚自然平放在地面上，座位高低远近要便于手指操作。

3）两肘轻轻贴于腋边，手指轻放于规定的字键上，手腕平直。人与键盘的距离，可移动座位或键盘的位置进行调节，直到人能保持正确的击键姿势为止。

4）显示器放在键盘的正后方，输入击键前先将键盘右移 5 cm，再将原稿紧靠键盘右侧放置，以便阅读。

（2）键盘操作的正确键入指法。正确的指法操作是使用键盘的一个最重要的因素，那么如何充分发挥你的十个手指的功效呢?这要由你来安排它们。

1）指法分区。我们把键盘上有一个短横线的键称为基准键的起始位置，即 F 键和 J 键所在的位置。基准键有 8 个，即左手对应 A，S，D，F；右手对应 J，K，L，；（:）。也就是说，左手的小指对应 A 键，无名指对应 S 键，中指对应 D 键，食指对应 F 键；右手的食指对应 J 键，中指对应 K 键，无名指对应 L 键，小指对应；（:）键，如图 2.4.10 所示。

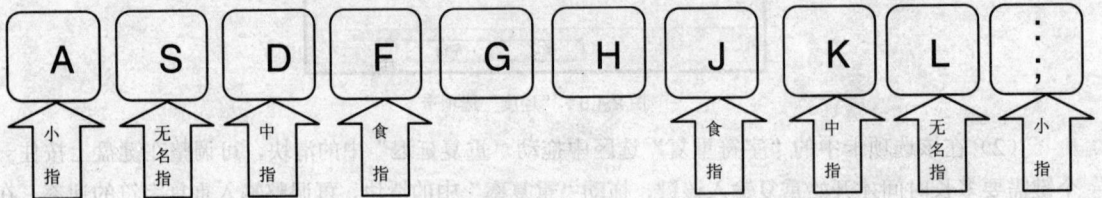

图 2.4.10　基准键

另外，食指还多管了一个字符，即左手食指还管了一个 G 键，右手食指还管了一个 H 键。左手稍微往左上方斜，就是所对应的 Q~T 键，左手稍微往右下方斜，就是所对应的 Z~V 键；右手稍微往左上方斜，就是所对应的 Y~P 键，右手稍微往右下方斜，就是所对应的 M~/ 键。

2）字符键的击法。手腕要平直，手臂要保持静止，全部动作仅限于手指部分（上身其他部分不得接触工作台或键盘）；手指要保持弯曲，稍微拱起，指尖后的第一关节微成弧形，分别轻轻地放在字键中央；输入时，手稍微抬起，只有需要击键时，手指才可伸出按键，按键后立即缩回基准键，不可用触摸手法，也不可停留在已击的字键上；注意是击键而不是按键，要瞬间发力，并立即反弹，击键要力度适当，节奏均匀。

（3）空格键的击法。右手从基准键上迅速上抬 1~2 cm，大拇指横着向下一击并立即回归，每击一次输入一个空格。

（4）回车键的击法。抬起右手小拇指按一次回车键，击安后立即退回原基准键位置，在回归过程中小拇指弯曲，以免把“，”键带入。

（5）上档键的击法。当左手需要输入大写字母的时候，用右手小拇指按着右边的“Shift”键，同时按字母键，然后两手同时回归到基准键。同样，当右手需要输入大写字母的时候，用左手小拇指按着左边的“Shift”键。

二、日期和时间

在计算机系统中，日期和时间需要经常调整。在 Windows XP 中调整日期和时间的具体操作步骤如下：

（1）在 █控制面板 窗口中单击 █日期、时间、语言和区域设置 超链接，在打开的 █日期、时间、语言和区域设置 窗口中单击 █更改日期和时间 超链接，弹出 █日期和时间 属性 对话框，默认打开的为 █时间和日期 选项卡，如图 2.4.11 所示。

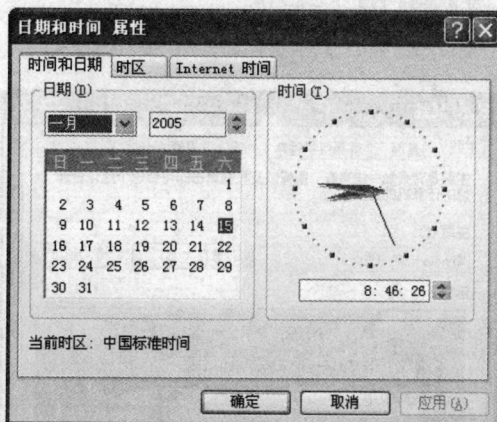

图 2.4.11　"时间和日期"选项卡

（2）在该选项卡中的"日期"选区中的"月份"下拉列表中选择月份，在"年份"微调框中调整或输入年份，在"日期"列表框中选择日期；在"时间"选区中的微调框中输入或调整准确的时间。

（3）在 █日期和时间 属性 对话框中打开 █时区 选项卡，如图 2.4.12 所示。在该选项卡中的下拉列表中选择时区，例如中国就应该选择"北京"时区。

图 2.4.12　"时区"选项卡

（4）日期和时间的所有参数设置完成后，单击 █应用(A) 和 █确定 按钮，关闭 █日期和时间 属性 对话框，所做的设置即可生效。

提示：有时可以更改实际的日期，以便避开病毒的发作时间或躲过一些软件的使用时间限制。在系统中设置的时区将永远影响计算机系统，直到重新设置为止。

三、显示属性

在 **控制面板** 窗口中单击 **外观和主题** 超链接，在打开的 **外观和主题** 窗口中单击 **更改计算机的主题** 超链接，弹出 **显示 属性** 对话框，如图 2.4.13 所示。在该对话框中可以对显示器的某些参数进行设置。

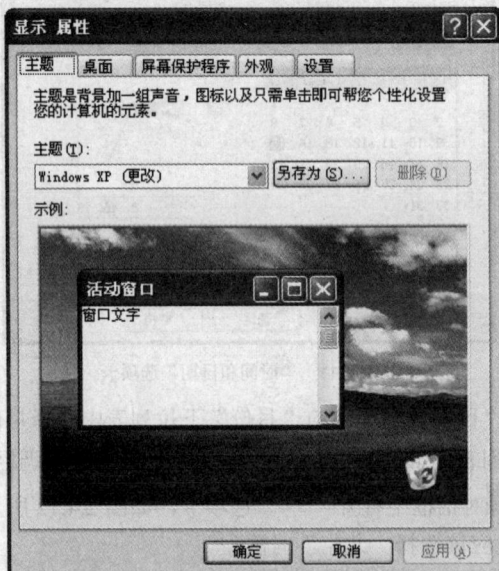

图 2.4.13　"显示属性"对话框

提示：在 Windows XP 桌面上单击鼠标右键，在弹出的快捷菜单中选择 **属性(R)** 命令，也可以弹出 **显示 属性** 对话框。

1. 设置主题

设置主题的具体操作步骤如下：

（1）在 **显示 属性** 对话框中打开 **主题** 选项卡（见图 2.4.13）。

（2）单击该选项卡中的"主题"下拉列表右侧的下三角按钮 ，在弹出如图 2.4.14 所示的"主题"下拉列表中选择所需要的主题。

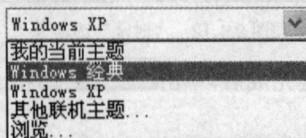

图 2.4.14　"主题"下拉列表

（3）单击 应用(A) 和 确定 按钮即可将整个系统的主题恢复为选择的样式。

2. 设置桌面

在 Windows XP 系统中，用户还可以根据自己的喜好设计桌面的背景图案和墙纸，其具体操作步骤如下：

（1）在 显示 属性 对话框中打开 桌面 选项卡，如图 2.4.15 所示。

图 2.4.15　"桌面"选项卡

（2）在"背景"下拉列表中选择一种桌面背景。用户还可以单击 浏览(B)... 按钮，在弹出的如图 2.4.16 所示的 浏览 对话框中选择用于桌面背景的图片。单击 自定义桌面(D)... 按钮，在弹出的如图 2.4.17 所示的 桌面项目 对话框中可以根据个人的需要来设置桌面上显示的图标。

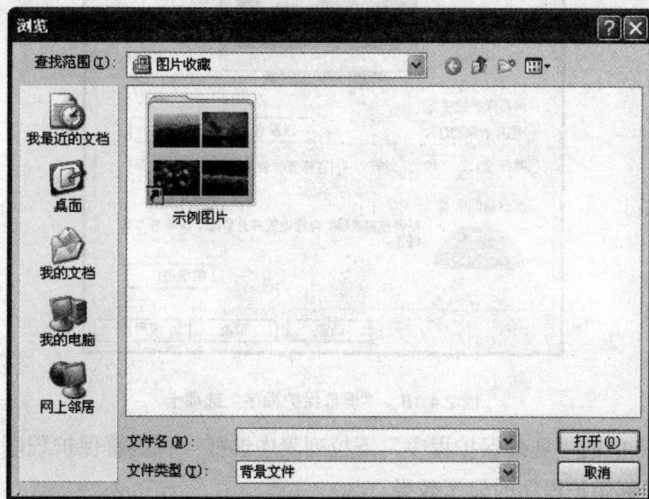

图 2.4.16　"浏览"对话框

（3）设置完成后，单击 应用(A) 和 确定 按钮确认设置。

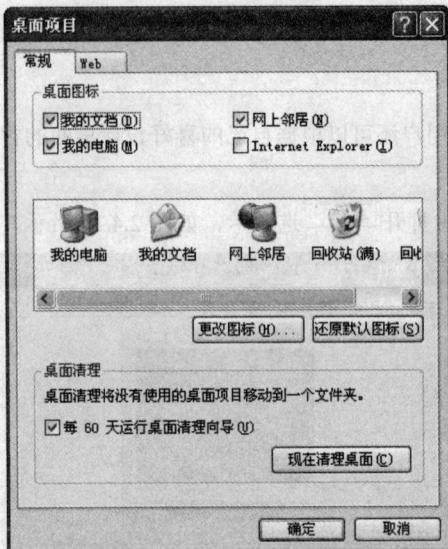

图 2.4.17　"桌面项目"对话框

3. 设置屏幕保护程序

设置屏幕保护程序的具体操作步骤如下：

（1）在 显示 属性 对话框中打开 屏幕保护程序 选项卡，如图 2.4.18 所示。

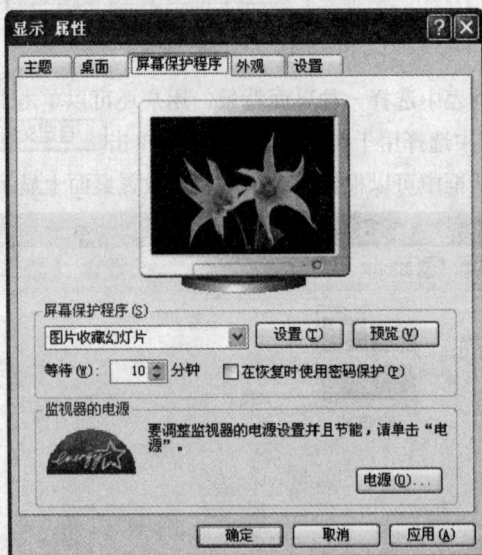

图 2.4.18　"屏幕保护程序"选项卡

（2）在该选项卡中的"屏幕保护程序"下拉列表中选择一种屏幕保护程序，在该选项卡中的显示器中就会看到该屏幕保护程序的显示效果。

（3）设置完成后，单击 应用(A) 和 确定 按钮确认设置。

4. 设置外观

设置外观就是设置桌面、消息框、活动窗口、非活动窗口等的颜色、大小等。在默认状态下，系统使用的是"Windows XP 样式"的颜色、大小、字体等。用户还可以根据自己的喜好来设计这些参数，具体操作步骤如下：

（1）在 显示 属性 对话框中打开 外观 选项卡，如图 2.4.19 所示。

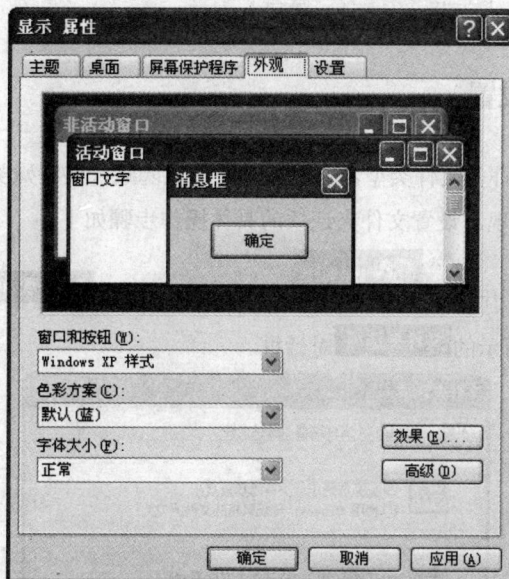

图 2.4.19　"外观"选项卡

（2）在该选项卡中的"窗口和按钮"下拉列表中选择样式，在"色彩方案"下拉列表中选择喜欢的颜色，在"字体大小"下拉列表中选择所需的字体。

（3）设置完成后，单击 应用(A) 和 确定 按钮确认设置。

5．设置分辨率和颜色

设置分辨率和颜色的具体操作步骤如下：

（1）在 显示 属性 对话框中打开 设置 选项卡，如图 2.4.20 所示。

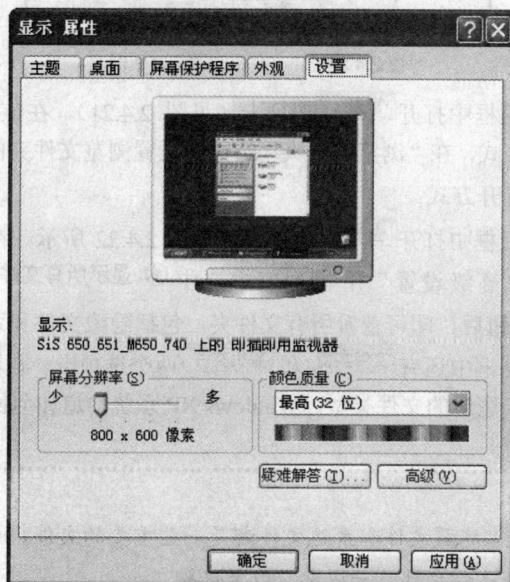

图 2.4.20　"设置"选项卡

（2）在该选项卡中的"屏幕分辨率"选区中拖动滑块可以调整显示器的分辨率，在"颜色质量"
下拉列表中选择显示器调色板的颜色。

（3）设置完成后，单击 应用(A) 和 确定 按钮确认设置。

四、文件夹选项设置

Windows XP 中增加了许多文件类型，有时用户还可以隐藏一些特殊类型的文件。这些操作都可
以在 文件夹选项 对话框中实现。设置文件夹选项的具体操作步骤如下：

（1）在 控制面板 窗口中单击 外观和主题 超链接，在打开的 外观和主题 窗口中单击 文件夹选项
超链接，弹出如图 2.4.21 所示的 文件夹选项 对话框。

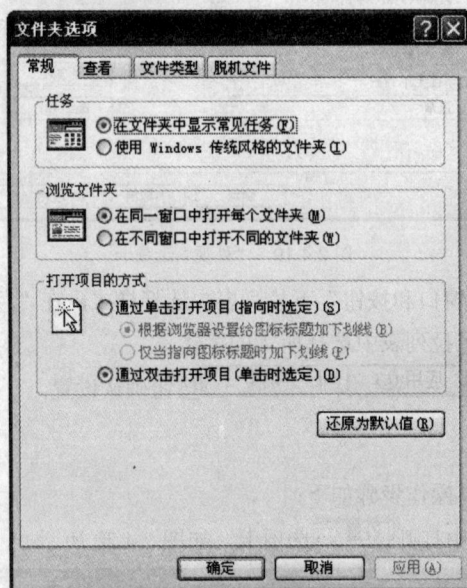

图 2.4.21　"文件夹选项"对话框

（2）在 文件夹选项 对话框中打开 常规 选项卡（见图 2.4.21），在该选项卡中的 "任务"选区
中设置文件夹显示的视图方式，在"浏览文件夹"选区中设置浏览文件夹的方式，在"打开项目的方
式"选区中设置文件夹的打开方式。

（3）在 文件夹选项 对话框中打开 查看 选项卡，如图 2.4.22 所示。在该选项卡中可以改变文件
夹的显示方式。例如在"高级设置"下拉列表中选中 ⊙ 显示所有文件和文件夹 单选按钮，单击
应用(A) 和 确定 按钮后，即可查看所有文件夹，包括隐藏文件和系统文件。

（4）在 文件夹选项 对话框中还有 文件类型 和 脱机文件 两个选项卡。在 文件类型 选项卡中可以对注
册文件类型进行设置。对于注册的文件类型，Windows XP 系统知道如何操作该类型的文件，例如查
看、打开、打印等。

注意：一般来说，隐藏文件和系统文件都是一些重要的文件，如果删除这些文件，则可能
出现错误，所以一般不要让这些文件显示出来，以免误删。

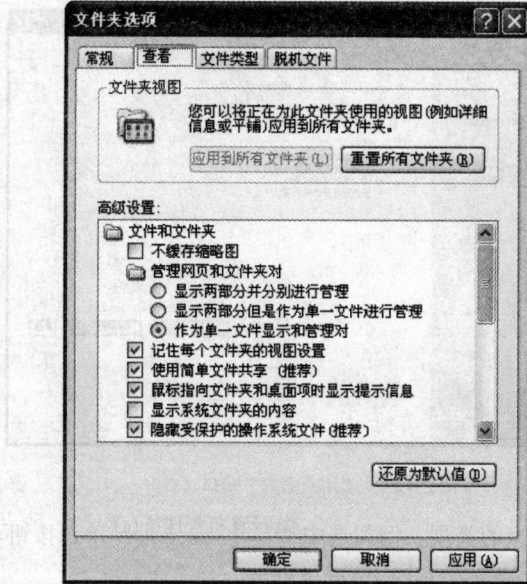

图 2.4.22　"查看"选项卡

五、创建新用户

Windows XP 可以设置多个用户，让使用计算机的每个人设置和管理计算机账户成为很容易的事情。现在，多个用户可以在不同账户之间切换，而不必重新启动计算机。用户还可以在忘记密码时获得提示，可以存储多个用户名和密码。

在 Windows XP 中创建一个新用户的具体操作步骤如下：

（1）在 **控制面板** 窗口中单击 **用户账户** 超链接，在打开的 **用户账户** 窗口中单击 **创建一个新账户** 超链接，打开 **用户账户** 窗口（一），在该窗口中的"为新账户键入一个名称"文本框中输入新账户的名称，例如"镜中花水中月"，如图 2.4.23 所示。

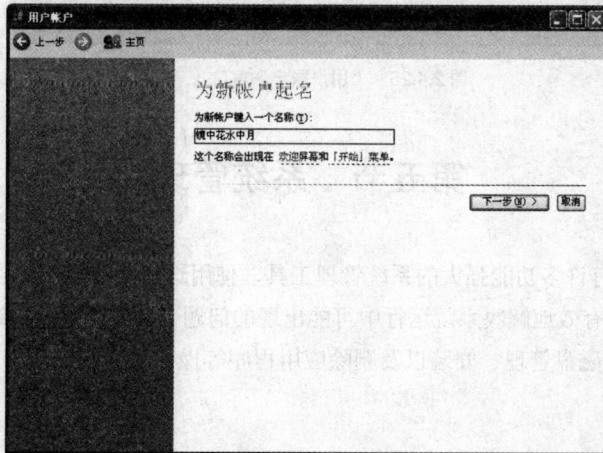

图 2.4.23　"用户账户"窗口（一）

（2）单击 **下一步(N) >** 按钮，打开 **用户账户** 窗口（二），如图 2.4.24 所示。

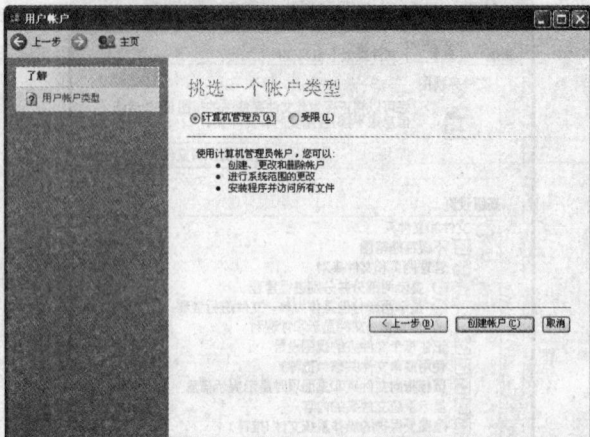

图 2.4.24　"用户账户"窗口（二）

（3）在该窗口中选择账户的类型，例如选中 ◉计算机管理员(A) 单选按钮，将新用户设置为计算机管理员。

（4）设置完后，单击 创建帐户(C) 按钮，新设置的账户名称将出现在 用户帐户 窗口（三）中，如图 2.4.25 所示。

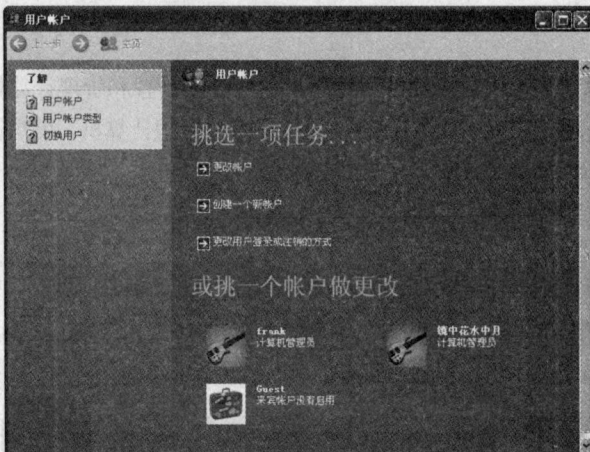

图 2.4.25　"用户账户"窗口（三）

第五节　系统管理

Windows XP 中拥有许多功能强大的系统管理工具，使用这些工具用户可以更好地管理、维护自己的计算机系统，及时有效地解决系统运行中可能出现的问题。本节将重点介绍在 Windows XP 中如何使用这些工具，例如磁盘管理、安装以及删除应用程序等操作。

一、磁盘管理

磁盘是用来存储信息的设备，分为软盘和硬盘两种，是计算机的重要组成部分。由于硬盘的容量大、速度快，所以 Windows XP 系统文件、大多数的应用程序文件和用户文件都保存在硬盘中。由于经常进行文件的添加与删除，会使文件在磁盘中的位置混乱。所以，为了保证系统和文件的安全，用户必须对磁盘进行定期的管理和维护，并能把一些重要的文件备份到软盘中。

1. 查看磁盘空间

磁盘空间类似于私人空间，用户拥有的磁盘空间越大，用户计算机上能够保存的程序和文件就越多。但是磁盘上的无用数据也会越来越多。所以，要常常检查磁盘空间，其具体操作方法如下：

（1）打开 我的电脑 窗口，在该窗口上选中要查看的磁盘图标，如选中 工作盘（E:）图标。

（2）在选中的图标上单击鼠标右键，在弹出的快捷菜单中选择 属性(R) 命令，弹出如图 2.5.1 所示的 工作盘（E:）属性 对话框。

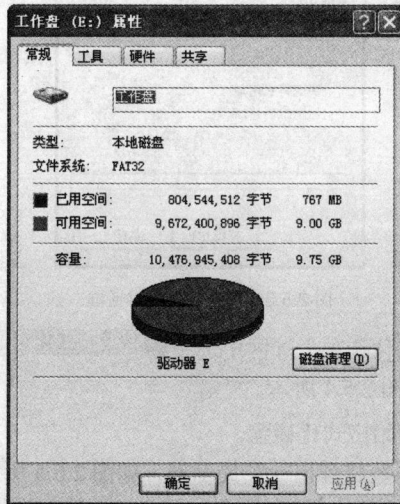

图 2.5.1 "工作盘（E:）属性"对话框

（3）在该对话框中可以查看磁盘的已用空间和可用空间的比例，以及该磁盘上总空间的容量。

（4）在对话框中的文本框中可以为磁盘设置一个用来描述磁盘信息的卷标，其卷标最多可以包含 11 个字符。

（5）单击 应用(A) 和 确定 按钮，确认设置并关闭该对话框。

提示：在 我的电脑 窗口中单击要查看空间的磁盘图标，在窗口的左下角的"详细信息"区域中也可以显示磁盘的空间数量，如图 2.5.2 所示。

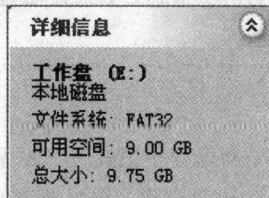

图 2.5.2 "详细信息"区域

2. 格式化磁盘

一张新磁盘在使用前必须先将其格式化，以便计算机能够准确地读取和写入信息。格式化磁盘的具体操作步骤如下。

（1）在 [我的电脑] 窗口中选中要格式化的磁盘图标，如选中 [共享盘（H:）] 图标。

（2）选择 [文件(F)] → [格式化(A)...] 命令，或者在选中的图标上单击鼠标右键，在弹出的快捷菜单中选择 [格式化(A)] 命令，弹出 [格式化] 对话框，如图 2.5.3 所示。

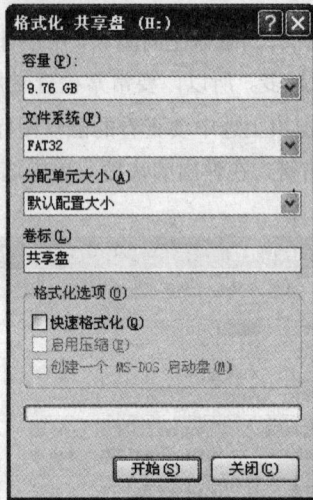

图 2.5.3　"格式化"对话框

（3）在该对话框中的"格式化选项"选区中选中 [✓ 快速格式化(Q)] 复选框，然后单击 [开始(S)] 按钮，系统将弹出一个提示框，如图 2.5.4 所示。

（4）单击 [确定] 按钮开始格式化磁盘。

（5）格式化工作完成后，系统将弹出一个提示框，如图 2.5.5 所示。

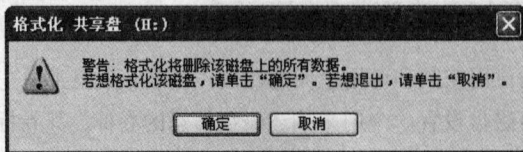

图 2.5.4　提示框　　　　　　　　　图 2.5.5　提示框

（6）单击 [确定] 按钮，返回到 [格式化] 对话框中，然后再单击 [关闭(C)] 按钮，完成磁盘格式化操作。

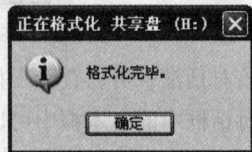

注意：格式化操作将删除磁盘上的所有信息。如果该磁盘上有打开的文件，则无法格式化；禁止对系统磁盘和网络盘进行格式化操作。

3. 磁盘清理

中文 Windows XP 为用户提供了一个新增程序工具——磁盘清理程序。该程序可用于清理用户的磁盘，删除不用的文件，以便释放更多磁盘空间。磁盘清理的具体操作步骤如下：

（1）单击 [开始] 按钮，在打开的"开始"菜单中选择 [所有程序(P) ▶] → [附件 ▶] → [系统工具 ▶] → [磁盘清理] 命令，弹出 [选择驱动器] 对话框，如图 2.5.6 所示。

（2）选择一个磁盘驱动器，例如选择"共享盘（H:）"，然后单击 [确定] 按钮，弹出 [共享盘（H:）的磁盘清理] 对话框，如图 2.5.7 所示。

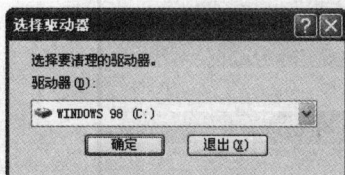

图 2.5.6 "选择驱动器"对话框

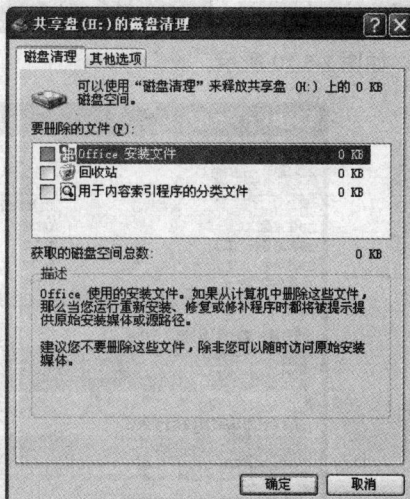

图 2.5.7 "共享盘（H:）的磁盘清理"对话框

（3）在该对话框中的"要删除的文件"列表中选择要删除的文件类型，单击 **确定** 按钮，系统弹出一个提示框，如图 2.5.8 所示。

（4）单击 **是(Y)** 按钮，系统开始清理磁盘中不需要的文件。

（5）也可以在 **共享盘(H:)的磁盘清理** 对话框中打开 **其他选项** 选项卡，如图 2.5.9 所示。在该选项卡中可以删除 Windows 组件和其他的应用程序。

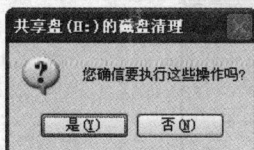

图 2.5.8 提示框

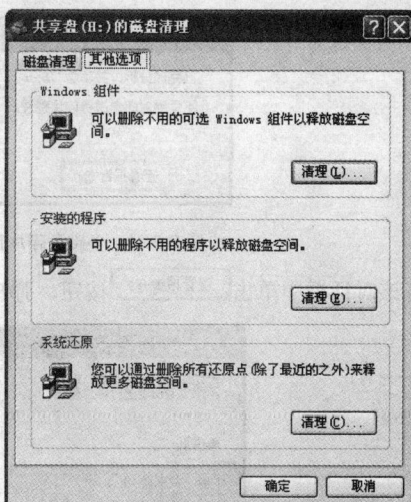

图 2.5.9 "其他选项"选项卡

4．磁盘碎片整理

磁盘在使用过一段时间以后，由于经常地进行读写操作，在磁盘中会产生一些"碎片"，这些"碎片"是程序和文件无法使用的，它们占据着磁盘的空间，影响磁盘的读写速度。Windows XP 为用户提供了一个用于磁盘碎片整理的程序，它可以重新安排文件在磁盘中的存储位置，将文件的存储位置整理到一起，同时合并可用空间，实现提高运行速度的目的。

磁盘碎片整理的具体操作步骤如下：

（1）单击 **开始** 按钮，在打开的"开始"菜单中选择 **所有程序(P)** →

附件 ▸ 系统工具 ▸ 磁盘碎片整理程序 命令，打开 磁盘碎片整理程序
窗口（一），如图 2.5.10 所示。

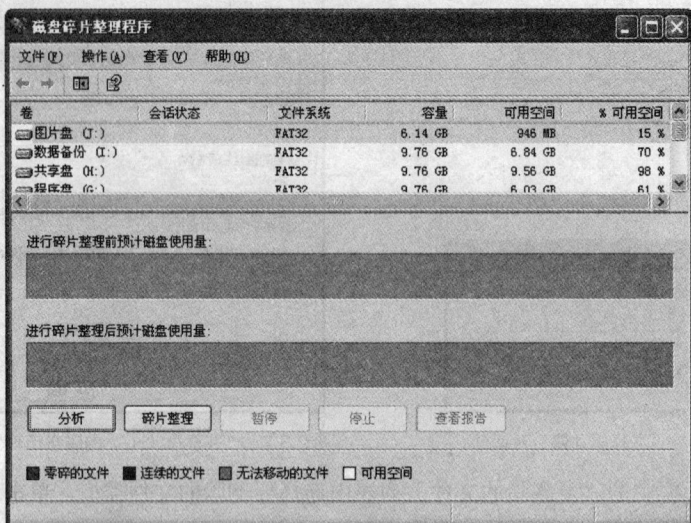

图 2.5.10 "磁盘碎片整理程序"窗口（一）

（2）在该窗口中显示了磁盘的一些状态和系统信息，选择需要整理的磁盘，单击 分析 按钮，
系统弹出 磁盘碎片整理程序 对话框（一），如图 2.5.11 所示。

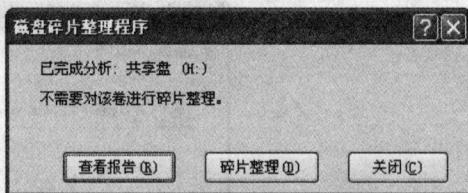

图 2.5.11 "磁盘碎片整理程序"对话框（一）

（3）在该对话框中单击 查看报告(R) 按钮，弹出如图 2.5.12 所示的 分析报告 对话框。

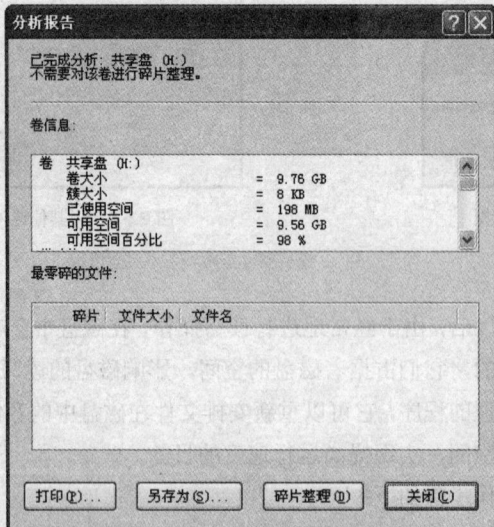

图 2.5.12 "分析报告"对话框

（4）如果在 **磁盘碎片整理程序** 对话框（一）中单击 **碎片整理(D)** 按钮，系统开始对所选择的磁盘进行碎片整理。

（5）磁盘碎片整理完成后，弹出 **磁盘碎片整理程序** 对话框（二），如图 2.5.13 所示。

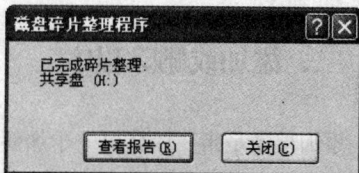

（6）在 **磁盘碎片整理程序** 对话框（二）中单击 **查看报告(R)** 按钮，在弹出的 **碎片整理报告** 对话框中可查看磁盘碎片整理信息，如图 2.5.14 所示。

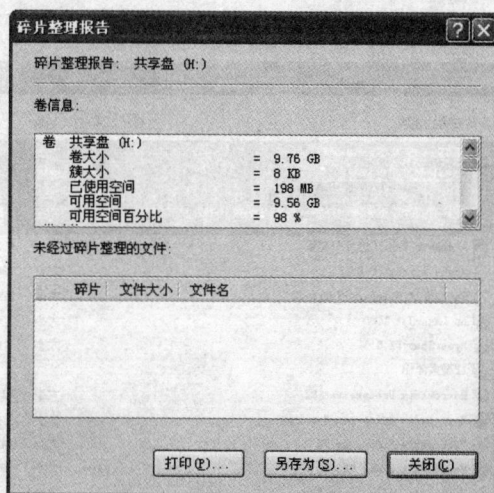

图 2.5.13　"磁盘碎片整理程序"对话框（二）

图 2.5.14　"碎片整理报告"对话框

（7）单击 **关闭(C)** 按钮，打开 **磁盘碎片整理程序** 窗口（二），可以看到在"会话状态"栏中显示为"已整理碎片"，如图 2.5.15 所示。

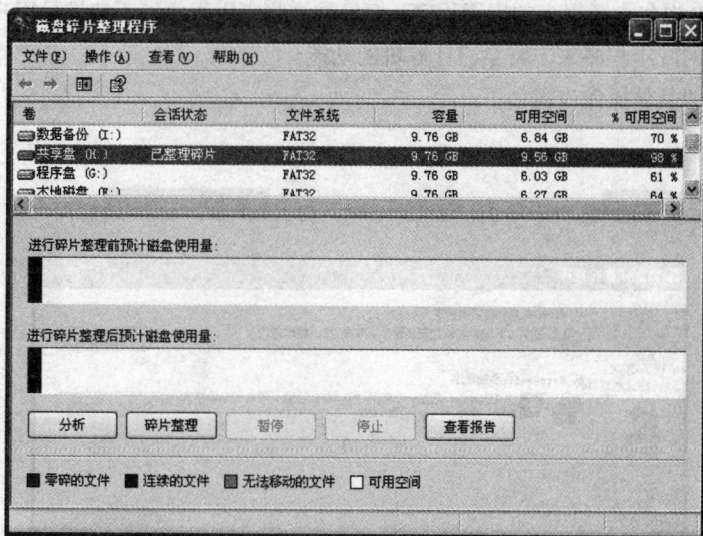

图 2.5.15　"磁盘碎片整理程序"窗口（二）

（8）单击 **磁盘碎片整理程序** 窗口（二）中的"关闭"按钮 ✕，关闭该程序。

注意：如果用户装有虚拟光驱，经过磁盘碎片整理后将不能使用，需重新安装后才能使用。

二、添加或删除程序

添加程序是指在计算机中添加新的应用程序,删除程序是指将程序从计算机的硬盘中删除一个应用程序的全部程序和数据,包括注册数据。

在 █ 控制面板 窗口中单击 🔘 添加/删除程序 超链接,打开 █ 添加或■除程序 窗口,如图 2.5.16 所示。在该窗口中可以为计算机添加或删除程序。

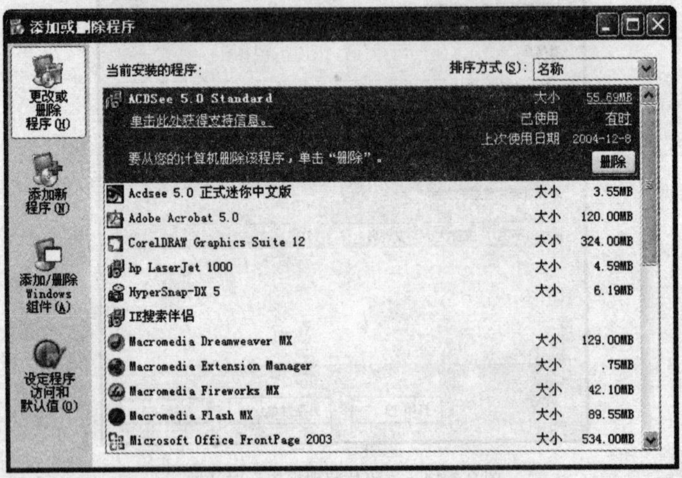

图 2.5.16 "添加或删除程序"窗口

1. 添加或删除应用程序

在 Windows XP 中包含了很多的应用程序,但仅靠这些应用程序还不能满足用户的需求,所以用户还需要添加其他的应用程序来丰富自己计算机的功能。

添加应用程序的具体操作步骤如下:

(1)在 █ 添加或■除程序 窗口中单击 添加新程序(N) 图标,打开 █ 添加或■除程序 窗口,如图 2.5.17 所示。

图 2.5.17 "添加或删除程序"窗口

（2）在该窗口中单击 CD 或软盘(F) 按钮，弹出 从软盘或光盘安装程序 对话框，如图 2.5.18 所示。

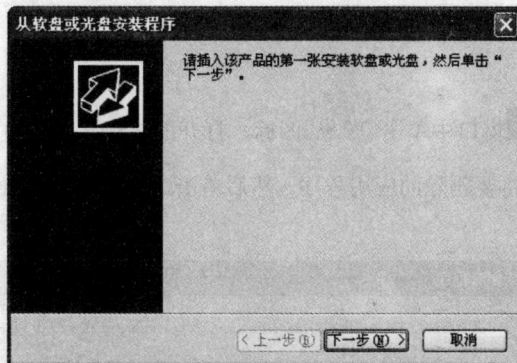

图 2.5.18 "从软盘或光盘安装程序"对话框

（3）在该对话框中单击 下一步(N) 按钮，弹出 运行安装程序 对话框，如图 2.5.19 所示。

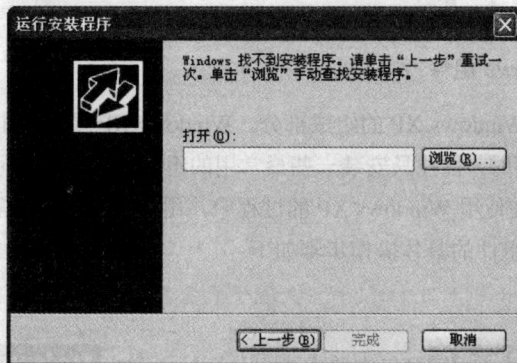

图 2.5.19 "运行安装程序"对话框

（4）在该对话框中的"打开"文本框中输入安装程序的位置，或者单击 浏览(R)... 按钮，从弹出的如图 2.5.20 所示的 浏览 对话框的"查找范围"下拉列表中找到应用程序的安装程序，双击该安装程序，返回到 运行安装程序 对话框，然后单击 完成 按钮，安装新程序向导将启动该安装程序。

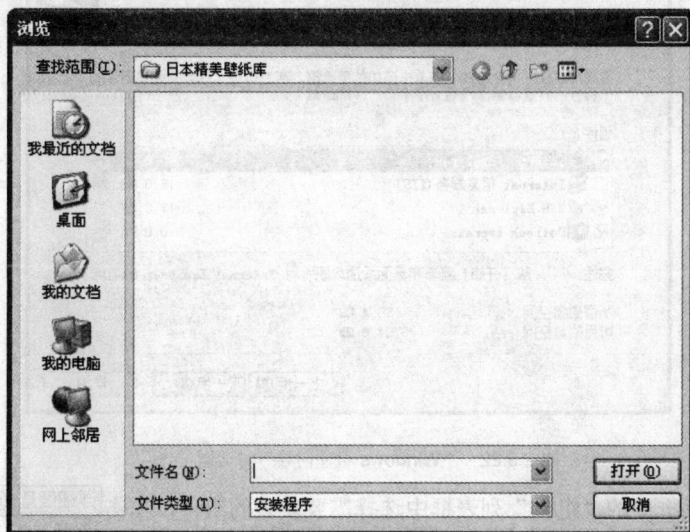

图 2.5.20 "浏览"对话框

（5）按照安装程序的提示逐步进行操作，即可完成应用程序的安装。

删除应用程序的具体操作步骤如下：

（1）在 **添加或删除程序** 窗口中单击 **更改或删除程序(H)** 图标，打开图 2.5.16 所示的窗口。

（2）在该窗口中选中将要删除的应用程序，然后单击 **删除** 按钮，弹出 **添加或删除程序** 对话框，如图 2.5.21 所示。

图 2.5.21　"添加或删除程序"对话框

（3）在该对话框中单击 **是(Y)** 按钮，系统将自动删除该应用程序。

2. 添加或删除 Windows 组件

"Windows 组件"是 Windows XP 的组成部分。Windows XP 提供了丰富并且功能齐全的组件。但在安装 Windows XP 程序时，往往只安装一些最常用的组件，一些组件对具体的用户来说是没有用的，所以就不需要安装。在使用 Windows XP 的过程中，用户还可以根据需要添加或删除某些组件。

添加或删除 Windows 组件的具体操作步骤如下：

（1）在打开的 **添加或删除程序** 窗口中单击 **添加/删除 Windows 组件(A)** 图标，弹出 **Windows 组件向导** 对话框（一），如图 2.5.22 所示。

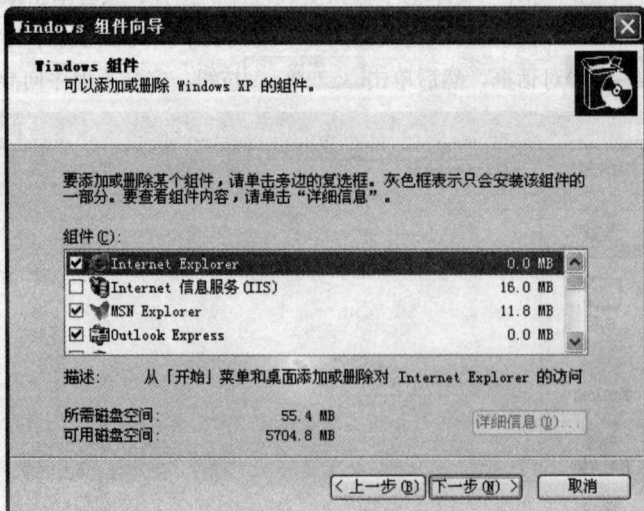

图 2.5.22　"Windows 组件向导"对话框（一）

（2）在该对话框中的"组件"列表框中选择需要安装的组件，单击 **详细信息(D)...** 按钮，在弹出的 **Windows 组件向导** 对话框中查看该组件的详细资料，并对其进行相应的设置。

（3）设置完成后，单击 下一步(N) > 按钮，即可进行 Windows 组件的添加或删除操作。

（4）操作完成后，弹出如图 2.5.23 所示的 Windows 组件向导 对话框（二）。

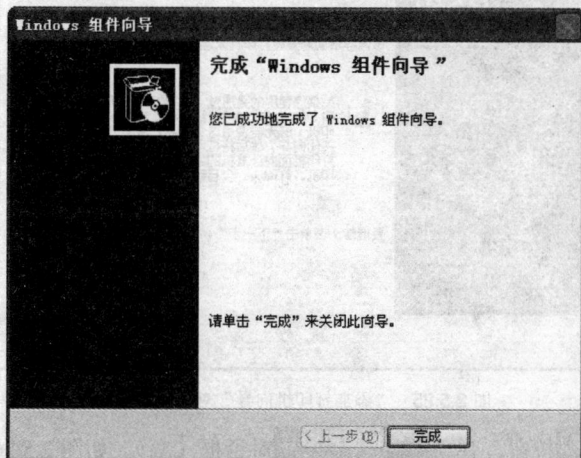

图 2.5.23 "Windows 组件向导"对话框（二）

（5）单击该对话框中的 完成 按钮，关闭该向导。

（6）单击 添加或删除程序 窗口中的"关闭"按钮 ✕ 。

三、打印机

打印机是计算机中重要的输出设备，编辑好的文档、图形等需要使用打印机才能打印出来。

1．添加打印机

在使用打印机前需要先安装打印机，其具体操作步骤如下：

（1）单击 开始 按钮，在打开的"开始"菜单中选择 打印机和传真 命令，打开 打印机和传真 窗口，如图 2.5.24 所示。

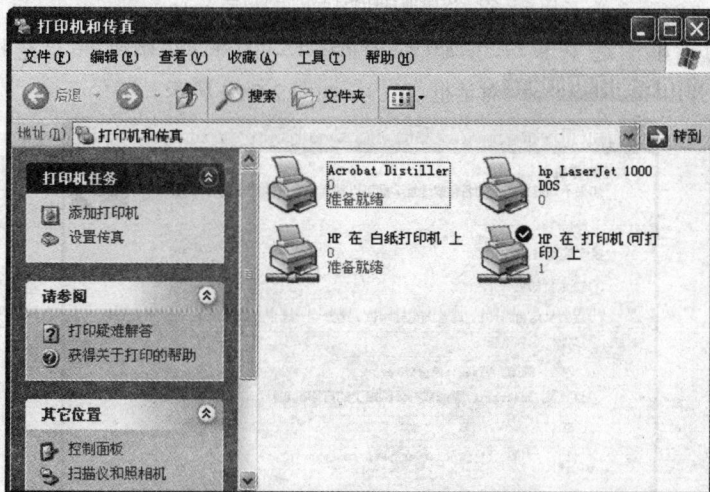

图 2.5.24 "打印机和传真"窗口

（2）在该窗口中单击 添加打印机 超链接，弹出 添加打印机向导 对话框（一），如图 2.5.25 所示。

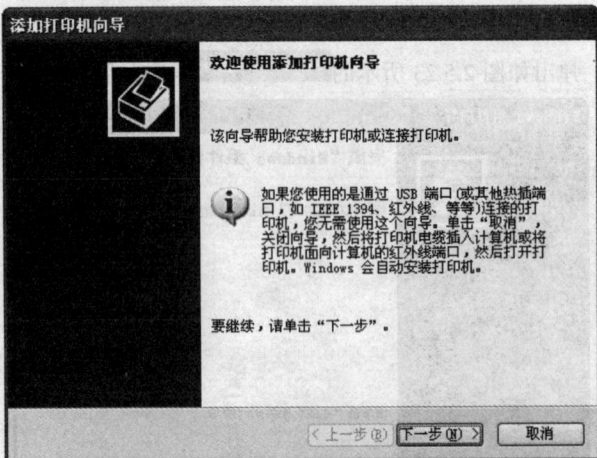

图 2.5.25 "添加打印机向导"对话框（一）

（3）单击 下一步(N) 按钮，弹出 添加打印机向导 对话框（二），如图 2.5.26 所示。

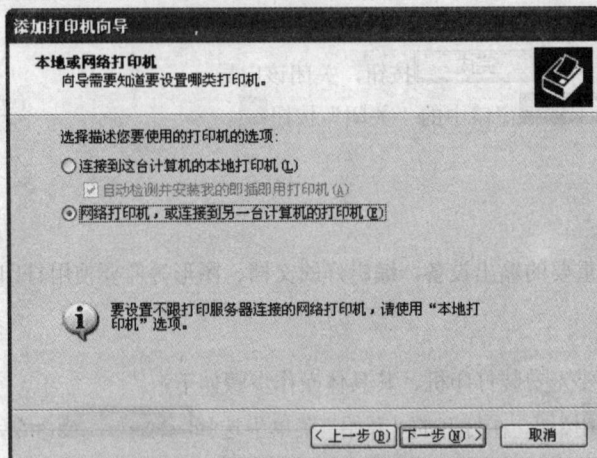

图 2.5.26 "添加打印机向导"对话框（二）

（4）在该对话框中选中 网络打印机，或连接到另一台计算机的打印机(E) 单选按钮，然后单击 下一步(N) 按钮，弹出 添加打印机向导 对话框（三），如图 2.5.27 所示。

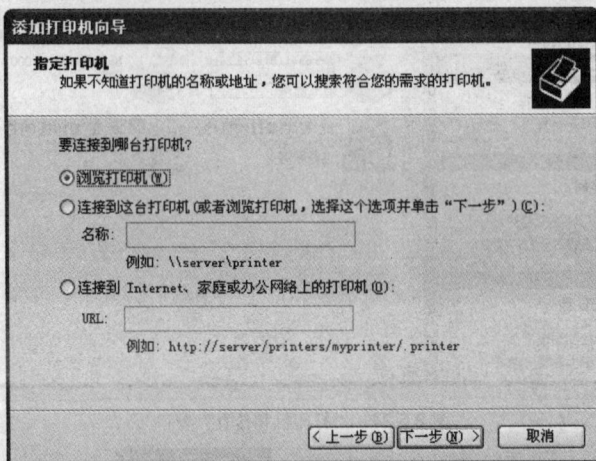

图 2.5.27 "添加打印机向导"对话框（三）

·（5）在该对话框中选中 ◎浏览打印机(W) 单选按钮，单击 下一步(N) > 按钮，弹出 添加打印机向导 对话框（四），如图 2.5.28 所示。

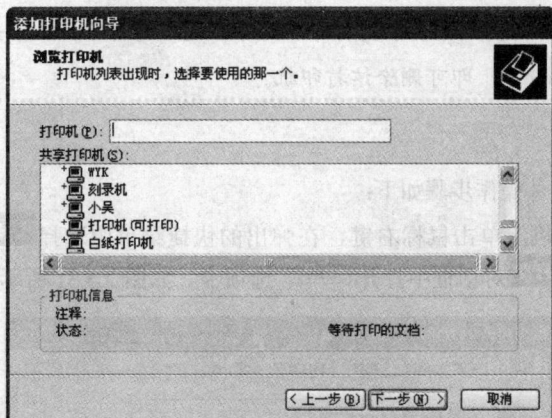

图 2.5.28 "添加打印机向导"对话框（四）

（6）在该对话框中的"共享打印机"列表框中选择需要添加的打印机名称，单击 下一步(N) > 按钮，弹出 添加打印机向导 对话框（五），如图 2.5.29 所示。

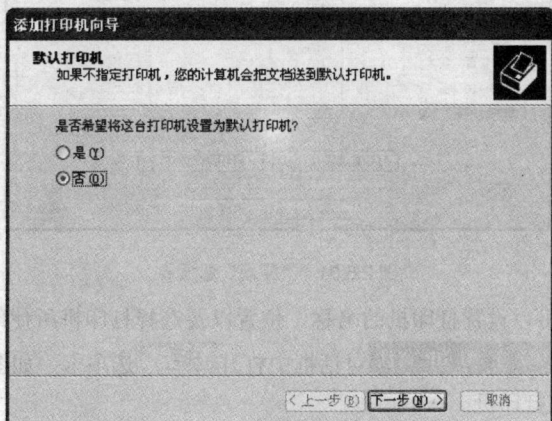

图 2.5.29 "添加打印机向导"对话框（五）

（7）在该对话框中设置该打印机是否为默认打印机，然后单击 下一步(N) > 按钮，弹出 添加打印机向导 对话框（六），如图 2.5.30 所示。

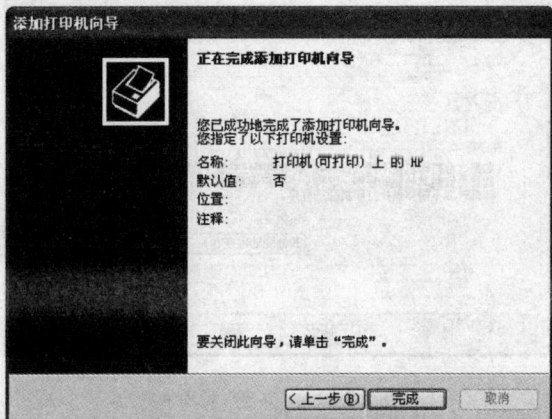

图 2.5.30 "添加打印机向导"对话框（六）

（8）在该对话框中单击 完成 按钮，即可完成打印机的添加。

　　提示：如果用户需要删除多余的打印机，可在选中的打印机上单击鼠标右键，在弹出的快捷菜单中选择 删除(D) 命令，即可删除该打印机。

2. 设置打印机属性

设置打印机属性的具体操作步骤如下：

（1）在选中的打印机上单击鼠标右键，在弹出的快捷菜单中选择 属性(R) 命令，在弹出的 打印机(可打印) 上 的 HP 属性 对话框中打开 常规 选项卡，如图 2.5.31 所示。

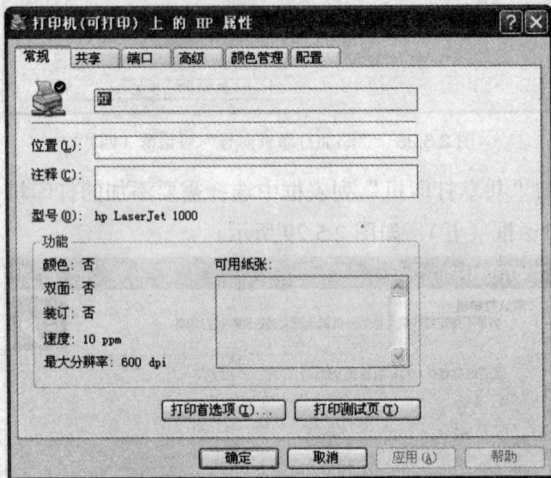

图 2.5.31　"常规" 选项卡

（2）在该选项卡中可以设置打印机的名称、位置以及选择打印机所使用的纸张。

（3）在 打印机(可打印) 上 的 HP 属性 对话框中打开 共享 选项卡，如图 2.5.32 所示。在该选项卡中可以设置是否共享该打印机。

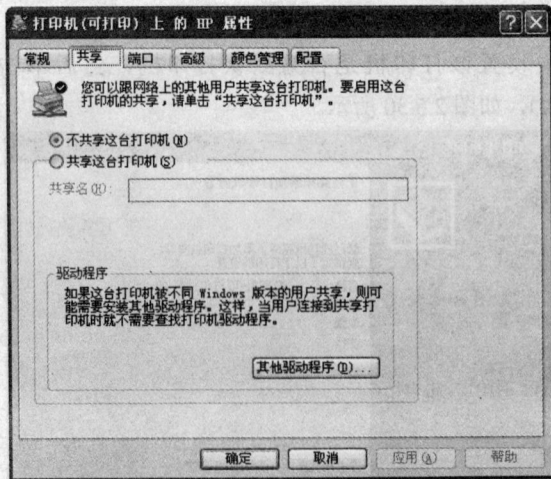

图 2.5.32　"共享" 选项卡

（4）所有的参数设置完成后，单击 应用(A) 和 确定 按钮，完成打印机的属性设置。

习题二

一、填空题

1. 目前 Windows 操作系统几乎统治了整个电脑界，它集_____、_____、_____、_____、_____、_____和_____功能于一身。

2. _____是 Windows XP 中另一个常用来管理文件的工具，它显示了用户计算机上的文件、文件夹和驱动器的分层结构。

3. 磁盘是用来存储信息的设备，分为_____和_____两种，是计算机的重要组成部分。

二、选择题

1. 在中文 Windows XP 中，文件和文件夹的属性有（　　）种。

   A．2　　　　　　　　　　　　B．3

   C．4　　　　　　　　　　　　D．5

2. 在 Windows XP 资源管理器中，文件和文件夹有（　　）种显示方式。

   A．3　　　　　　　　　　　　B．4

   C．5　　　　　　　　　　　　D．6

3. 在 Windows XP 中，不属于控制面板操作的是（　　）。

   A．更改画面显示和字体　　　　B．添加新硬件

   C．造字　　　　　　　　　　　D．调整鼠标的使用设置

4. Windows XP 操作系统是（　　）。

   A．单用户单任务系统　　　　　B．多用户单任务系统

   C．多用户多任务系统　　　　　D．单用户多任务系统

三、简答题

1. 任务栏位于屏幕的什么位置，其主要作用是什么？

2. 注销与关闭有什么区别？

3. 显示文件和文件夹有哪几种方式？这几种显示方式的区别是什么？

4. 删除应用程序时，是否能简单地将它删除？

四、上机操作题

1. 熟悉 Windows XP 的基本知识。

2. 练习搜索文件的方法。

3. 练习使用资源管理器来对文件和文件夹进行各种操作。

4. 利用控制面板设置具有个人特点的计算机属性。

5. 练习磁盘管理的各种操作。

6. 试着为 Windows XP 创建多个用户。

第三章　中文输入法

中文输入法是中文Windows XP操作系统下常见的输入法,它为用户提供了强大的中文环境支持,为用户在中文 Windows XP 操作系统下处理信息带来方便。通过本章的学习,使读者能够熟练地在文档中进行文字输入。

本章重点

(1)输入法的选择与切换。

(1)智能 ABC 输入法。

(2)微软拼音输入法。

(3)五笔字型输入法。

第一节　基本知识

通常在启动中文 Windows XP 操作系统后,系统会打开默认输入法——英文输入法,如果要在文档中输入中文,就需要选择相应的输入法。有时可能要输入一些如希腊字母、拼音、数学符号等,将要使用软键盘完成。

一、选择与切换输入法

在字装有多个输入法的操作系统下,用户在使用输入法时,可能需要在英文与中文不断地切换,下面介绍常用的输入法的选择与切换方法。

1. 使用鼠标选择输入法

使用鼠标选择输入法的具体操作步骤如下:

(1)单击语言栏上的输入法按钮▦,打开如图 3.1.1 所示的输入法列表。

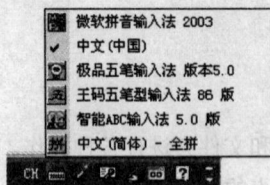

图 3.1.1　输入法列表

(2)在输入法列表中选择用户所需要的输入法,当前选择的输入法前面有一个"√"符号,表示所选择的输入法被激活。

2. 切换输入法

在输入文字的过程中,使用键盘快捷键盘切换输入法。如按"Ctrl＋空格键"可打开或关闭输入法；按"Ctrl+Shift"键可在英文与中文输入法之间按顺序循环切换。

　　用户也可以为某种输入法设置快捷键，在需要用到该输入法时，可以用快捷键为快速激活，具体操作步骤如下：

　　（1）在语言上单击鼠标右键，在弹出的快捷菜单中选择 设置(E)... 命令，弹出如图 3.1.2 所示的 文字服务和输入语言 对话框。

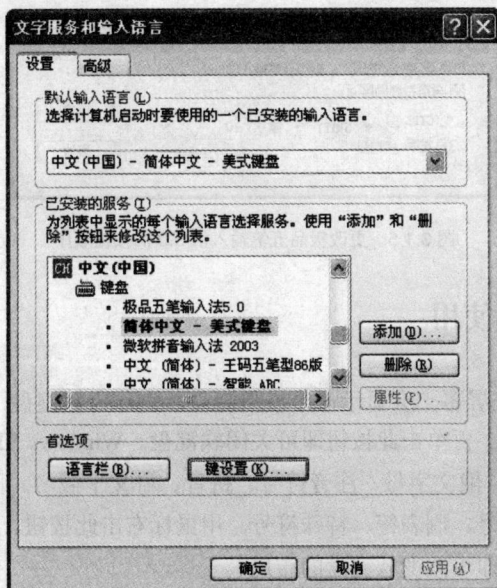

图 3.1.2　"文字服务和输入语言"对话框

　　（2）在该对话的"首选项"选区中单击 键设置(K)... 按钮，弹出如图 3.1.3 所示的 高级键设置 对话框。在"输入语言的热键"选区中选中切换至的输入法。

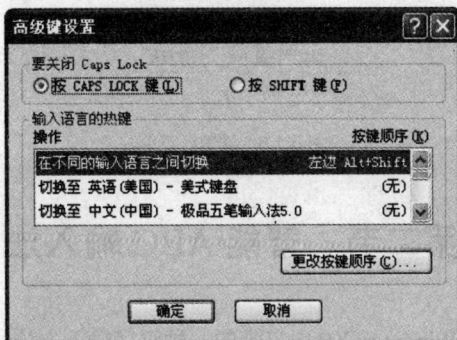

图 3.1.3　"高级键设置"对话框

　　（3）单击 更改按键顺序(C)... 按钮，弹出如图 3.1.4 所示的对话框。系统默认"Ctrl+Shift"为切换快捷键。

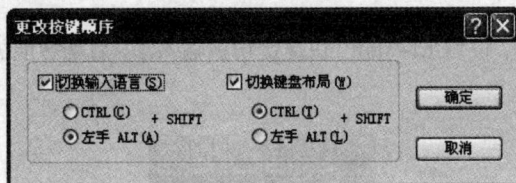

图 3.1.4　"更改按键顺序"对话框

（4）如果用户要为常用的输入法如"极品五笔输入法"设置快捷键，在图3.1.3所示的 高级键设置 对话框中选中"切换至中文（中国）—极品五笔输入法5.0"选项，然后单击 更改按键顺序(C)... 按钮，弹出如图3.1.5所示的 更改按键顺序 对话框。在该对话框中选中 ☑ 启用按键顺序(E) 复选框，然后"Ctrl"，"Alt"选择一个和"Shift"键组合为快捷，在"键"后的下位列表框中选择一个键，如选择"2"，单击 确定 即可。以后通过按"Ctrl＋Shift＋2"组合键作为极品五笔输入法5.0的快捷键。

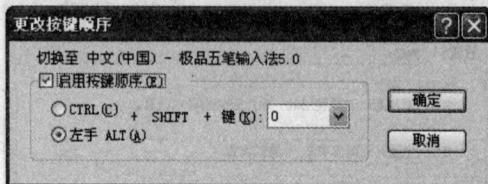

图 3.1.5　更改极品五笔输入法 5.0 的按键顺序

二、软键盘按钮的使用

单击软键盘按钮 ⌨，在屏幕上会显示一个模拟键盘，也称为软键盘，单击软键盘上的键，效果相当于按硬键盘上相应的键。再单击此按钮即可关闭软键盘。Windows XP 提供了 13 种软键盘布局，分别为 PC 键盘、希腊字母、俄文字母、注音符号、拼音、日文平假名、日文片假名、标点符号、数字序号、数学符号、单位符号、制表符、特殊符号。用鼠标右击此按钮，屏幕会弹出如图 3.1.6 所示的菜单，单击需要的选项，即可改变软键盘的布局。

P C 键盘	标点符号
希腊字母	数字序号
俄文字母	数学符号
注音符号	单位符号
拼　音	制表符
日文平假名	特殊符号
日文片假名	

图 3.1.6　软键盘菜单

第二节　智能 ABC 输入法

智能 ABC 输入法是中文 Windows XP 中自带的一种汉字输入方法，又称标准输入法，是初学者最常用的一种输入法，它不需要字根方面的记忆，只要录入拼音即可打字。

一、智能 ABC 词条

启动 Windows XP 之后，按"Ctrl+Shift"快捷键切换输入法，启动智能 ABC 输入法词条如图 3.2.1 所示。

图 3.2.1　智能 ABC 词条

（1）■按钮可以用来切换中文和西文输入状态。

（2）单击 标准 按钮，可以切换到 双打 状态，如果再次单击该按钮，又可以切换到 标准 状态。

（3）■按钮可以用来切换全角和半角状态。

（4）■按钮可以用来切换中文和西文标点符号。

（5）■按钮可以打开或关闭软键盘。

二、智能 ABC 的特点

智能 ABC 是一种以拼音为主的智能化键盘输入法，它的主要特点如下：

（1）自动记忆功能。智能 ABC 输入法能够自动记忆词库中没有的新词，这些词都是标准的拼音词，可以和基本词汇库中的词条一样使用。智能 ABC 允许记忆的标准拼音词最大长度为 9 个字。下面是使用自动记忆功能的两个注意事项：

1）刚被记忆的词并不立即存入用户词库中，至少要使用 3 次后才有资格长期保存。新词栖身于临时记忆栈之中，如果记忆栈已经满时它还不具备长期保存资格，就会被后来者挤出。

2）刚被记忆的词具有高于普通词语频度，但低于常用词频度的特点。

（2）强制记忆。强制记忆一般用来定义那些非标准的汉语拼音词语和特殊符号。利用该功能，只需输入词条内容和编码两部分，就可以直接把新词加到用户库中。允许定义的非标准词最大长度为 15 字；输入码最大长度为 9 个字符；最大词条容量为 400 条。强制记忆的具体操作步骤如下：

1）在打开的词条上，单击鼠标右键，在弹出的快捷菜单中选择 定义新词... 命令，弹出 定义新词 对话框，如图 3.2.2 所示。

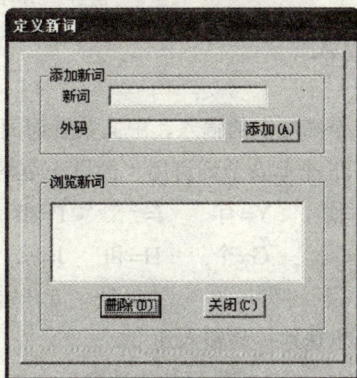

图 3.2.2　"定义新词"对话框

2）在"添加新词"区域中的"新词"文本框中输入需要添加的新词，例如输入"中文输入技术"，在"外码"文本框中输入"zwsrjs"。

3）单击 添加(A) 按钮，即可添加到"浏览新词"列表框中。

4）如果要删除当前添加的新词，则单击 删除(D) 按钮。

5）所有的设置完成后，单击 关闭(C) 按钮即可完成强制记忆功能，如果用户下次要输入"中文输入技术"，只需输入拼音"zwsrjs"就可以了。

（3）频度调整和记忆。所谓的频度，是指一个词的使用频繁程度。智能 ABC 标准词库中同音词的排列顺序能反映它们的频度，但对于不同使用者来说，可能有较大的偏差。所以，智能 ABC 设计了词频调整记忆功能。用户如果要对其进行设置，可以直接在词条上单击鼠标右键，在弹出的快捷菜

单中选择 属性设置 命令，弹出 智能ABC输入法设置 对话框，如图 3.2.3 所示。

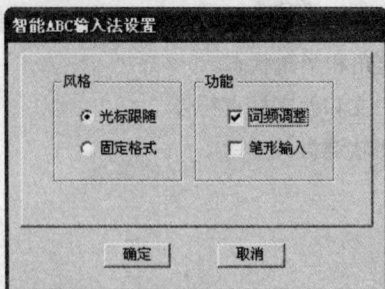

图 3.2.3 "智能 ABC 输入法设置" 对话框

在"功能"区域中选中 ☑ 词频调整 复选框，单击 确定 按钮。这时词频调整就开始自动进行，而不需要人为干预。其中主要调整的是默认转换结果，因为系统把具有最高频度值的候选词条作为默认转换结果。

（4）中文输入状态下输入英文。在输入拼音的过程中（"标准"或"双打"方式下），如果需要输入英文，可以不必切换到英文方式，只需输入"v"作为标志符，后面跟随要输入的英文。

例如：在输入过程中希望输入英文"office"，输入"voffice"，如图 3.2.4 所示，完成后按空格键即可。

图 3.2.4 输入英文

三、智能 ABC 的特殊输入

智能 ABC 的特殊输入包括 23 个高频字的输入、中文数量词简化输入和笔形输入等。

（1）25 个高频字的输入。有 25 个单音节词可用"简拼＋空格键"输入。它们是：

Q=去　　W=我　　R=日　　T=他　　Y=有　　I=一　　P=批

A=啊　　S=是　　D=的　　F=发　　G=个　　H=和　　J=就　　K=可　　L=了

Z=在　　X=小　　C=才　　B=不　　N=年　　M=没　　ZH=这　　SH=上　　CH=出

用户记住上述高频字，就可以迅速地提高输入速度。

（2）中文数量词简化输入。智能 ABC 提供阿拉伯数字和中文大小写数字的转换能力，对一些常用量词也可简化输入。"i"为输入小写中文数字的前导字符。"I"为输入大写中文数字的前导字符。

例如：输入"i6"，则键入"六"；输入"I6"，则键入"陆"。

如果输入"i"或"I"后直接按中文标点符号键，则转换为"一"＋该标点或"壹"＋该标点。

例如：输入"i6\"，则键入"六、"；输入"I6\"，则键入"陆、"。

（3）以词定字输入单字。以词定字的方法是使用"["和"]"两个键。词语拼音＋"["取前一个字，词语拼音＋"]"取后一个字。例如：要得到"数字"的"数"字，输入"shuzi["，即可得"数"文字；要得到"字"文字，输入"shuzi]"，即可得到"字"文字。

（4）输入特殊符号。如果要输入 GB-2312 字符集 1～9 区各种符号，最简便的方法是在标准状态下，按字母 v＋数字键（1～9）即可获得该区的符号。例如：要输入"※"，可以输入"v1"，多次按"＋"键，如图 3.2.5 所示，这时就可以找到这个符号。

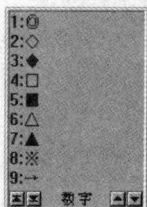

图 3.2.5 输入特殊符号

（5）笔形输入。用户在使用笔形输入时可以在不知道读音的情况下使用，其具体操作方法如下：

1）在智能 ABC 词条上单击鼠标右键，在弹出的快捷菜单中选择 [属性设置] 命令，弹出 [智能ABC输入法设置] 对话框（见图 3.2.3）。

2）在"功能"区域中选中 [✓ 笔形输入] 复选框。

3）单击 [确定] 按钮完成笔形输入设置，例如用户输入"乜"字，直接输入数字"56"即可。

注意：如果用户要采用笔形输入法来输入，必须首先记住笔形输入法中 8 个笔形代码的含义和规则。

第三节　微软拼音输入法

拼音输入是一种最简单的汉字输入法，只要会拼音就会使用。尽管它存在重码多、输入速度慢等缺点，但由于其学习简单，仍然有广泛的应用基础。

微软拼音输入法是微软公司推出的一个汉语拼音语句输入法，用户可以不间断地输入整句字的拼音，不必关注分词和候选，这样既保证用户思维流畅，又提高了用户的输入效率。

一、打开微软拼音输入法

要使用微软拼音输入法，只需单击屏幕上的输入法指示器，在弹出的快捷菜单中选择 [微软拼音输入法 2003] 命令即可，如图 3.3.1 所示。

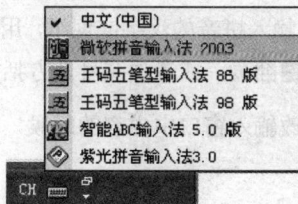

图 3.3.1 选择微软拼音输入法

选择微软拼音输入法后，在语言栏上将出现微软拼音输入法状态条，如图 3.3.2 所示，单击状态条上的按钮可以切换输入状态或者激活菜单。

图 3.3.2 微软拼音输入法词条

状态条上各图标的功能如下所示：

: 选择输入法。

: 选择输入风格。

: 切换中英文输入法。

: 切换全角半角。

: 切换中英文标点。

: 选择字符集。

: 软键盘开关，使用软键盘。

: 输入板开关，使用输入板。

: 功能菜单。

: 帮助开关，打开帮助文件。

二、输入拼音

用微软拼音输入法在 Word 文档中输入"中华人民共和国"，可以连续输入拼音，如图 3.3.3 所示。输入窗口显示用户输入的拼音串以及转换后的汉字。实线下划线显示输入的拼音，虚线下划线标出了转换后的结果。输入法会自动完成拼音转汉字的过程，用户也可以按空格键强制转换。

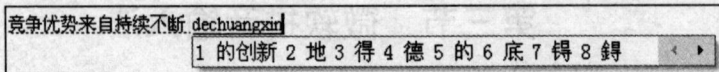

图 3.3.3　用微软拼音输入法输入汉字

在候选窗口列出了具有相同读音的汉字或词组，用户可以用鼠标或数字键来选择正确的候选。在下面两种情况下出现候选窗口：

（1）逐键提示：如果设置了逐键提示，候选窗口总伴随着用户输入的拼音，如图 3.3.4 所示。

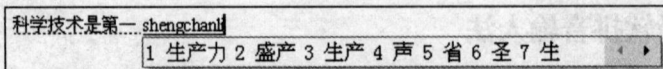

图 3.3.4　逐键提示

第一个候选项是微软拼音输入法预测的转换结果，不一定是词表中的词，显示成蓝色，按空格选择它。其它候选项列出了符合用户输入拼音的汉字或词组，用鼠标或数字键选择。在候选窗口中可以使用"PageUp"和"PageDown"键翻页，或者加减号及方括号。

（2）修改转换结果：当用户修改输入窗口中内容的时候，在光标位置会出现候选窗口，如下图 3.3.5 所示。

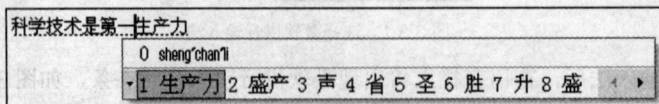

图 3.3.5　修改转换结果

这个候选窗口与逐键提示略有不同。

三、确认输入

在确认输入之前，输入窗口中的内容并没有传递给编辑器，这时如果用户按了 Esc 键，输入窗口中的内容将全部丢失。要完成输入过程，按回车或者空格键即可。

按回车键，输入窗口中的内容，包括未转成汉字的拼音，将全部传递给编辑器，将有下列两种情况：

（1）按回车键前，输入窗口中还有内容，如图 3.3.6 所示。

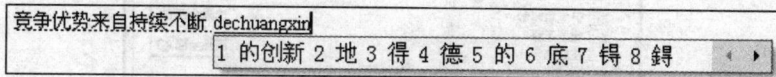

> 竞争优势来自持续不断 dechuangxin
> 1 的创新 2 地 3 得 4 德 5 的 6 底 7 锝 8 锝   ◀ ▶

图 3.3.6　按回车键前输入窗口有拼音

（2）输入窗口中没有拼音，按回车键前后的结果如图 3.3.7 所示。

> 按回车前：　　　　　　　　　　　　　　按回车后：
> 竞争优势来自持续不断的创新┃　　　　　竞争优势来自持续不断的创新

图 3.3.7　输入窗口中没有拼音

按空格键，如果输入窗口中还有未转成汉字的拼音，则先转成汉字。

四、输入法设置

单击微软拼音输入法状态条上功能菜单按钮，在弹出的菜单中选择 输入选项(O)... 命令，弹出如图 3.3.8 所示的 微软拼音输入法输入选项 对话框。

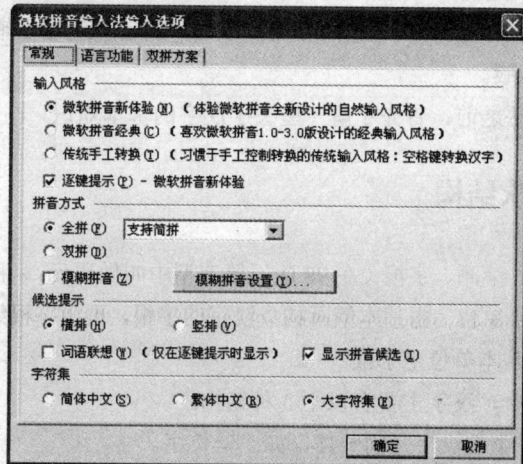

图 3.3.8　"微软拼音输入法输入选项"对话框

在该对话框中用户可以设置输入风格、拼音方式、符选方式等内容。如要用户要使用自造词功能，可以定义输入法主词典中（不包括专业词库）没有收录的词语；也可以为常用短语、缩略语定义快捷键以提高输入速度。

微软拼音输入法 2003 支持两类自造词：一类是能用拼音输入的由 2~9 个汉字构成的标准自造词；另一类是扩展的自造词，只能用快捷键输入，可由汉字、英文字母和标点符号等构成（但不能包含空格、制表符及其他控制字符），最多由 255 个字符组成。其具体设置方法如下。

（1）在 `微软拼音输入法输入选项` 对话框中打开 `语言功能` 选项卡，如图 3.3.9 所示。

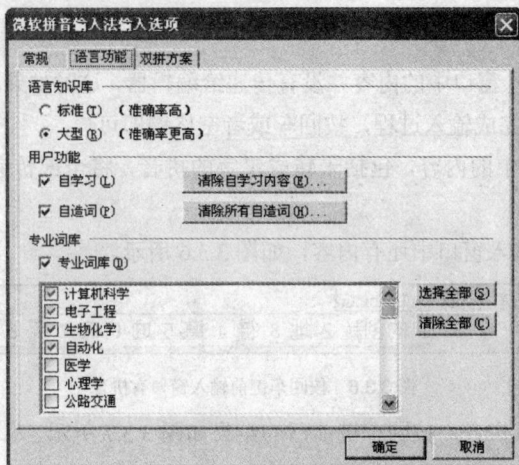

图 3.3.9　"语音功能"选项卡

（2）在"用户功能"选区选中 `☑ 自造词(P)` 复选框。

（3）单击 `确定` 按钮即可。

第四节　五笔字型输入法

　　五笔字型是一种将汉字字型分解、拼形输入的编码方案，是王永明于 1983 年发明的，因此也称为"王码"输入法，其特点是：编码简单、重码少、击键次数少、录入速度快，是使用较为广泛的输入法之一，已成为专业录入人员必须掌握的一种输入方法。目前五笔字型输入法分为 86 版和 98 版两个版本，这里主要介绍 86 版。

　　在学习五笔字型输入法之前，首先了解一些关于汉字的基本知识。

一、汉字的 3 层次结构

　　在五笔字型输入法中，笔画、字根（在 98 版五笔字型中叫做码元，）和单字是汉字的 3 个层次结构。笔画是构成汉字的最小单位，由基本笔画构成汉字的字根，再由字根组成汉字。虽然字根是由笔画组成的，但构成汉字的基本单位是字根。

　　在五笔字型编码方案中，汉字主要有以下 3 种结构：

　　（1）笔画、字根和完整的汉字是同一体，如"一"字。

　　（2）字根本身就是整字，我们将这些字根称为成字字根，如"辛"、"石"、"力"等。

　　（3）每个汉字可拆分成几个字根，如"又"、"力"、"王"等单个汉字。

二、汉字的 5 种笔画

　　在书写汉字时，一次写成的一个连续不断的线段称为笔画。在五笔字型中，只考虑笔画的运笔方向，而不考虑其长短或轻重，根据笔画使用频率的高低，可将汉字的基本笔画分为 5 种，如表 3.1 所示。

表 3.1　汉字的基本笔画

代　号	笔画名称	笔画走向	笔画及其变形
1	横	左→右	一
2	竖	上→下	丨
3	撇	右上→左下	丿
4	捺	左上→右下	丶
5	折	带转折	乙

三、汉字的 3 种字型

汉字是一种平面文字，将字根摆放于不同的位置，其字型也不相同。如："叭"与"只"，"吧"与"邑"等，可见字根的位置关系，也是汉字的一种重要特征信息。

根据构成汉字的各字根之间的位置关系，我们可以把成千上万的方块汉字分为左右型、上下型、杂合型 3 种，并以 1，2，3 为其命以代号，如表 3.2 所示。

表 3.2　汉字的 3 种字型

字型代号	字　型	举　例	字例特征
1	左右	汉 湘 结 封	字根之间有间距，总体左右排列
2	上下	字 莫 花 华	字根之间有间距，总体上下排列
3	杂合	困 凶 这 乘	字根之间虽有间距，但不分上下左右浑然一体，不分块

四、汉字的字根

字根是由 5 种基本笔画交叉构成的相对不变的结合体。在五笔字型编码方案中，把组字能力高、使用频率高的字根作为基本字根，共选出了 130 个字根，并将其按照起笔的代号以及键位设计的需要，分布在除 Z 键以外的 25 个英文字母键上，如图 3.4.1 所示。键盘上的字母键分为 5 个区，每个区包含 5 个键位，分别用 1，2，3，4，5 命名区号和位号。每个键的区号作为第一个数字，位号作为第二个数字，将两个数字结合起来就得到 11—15，21—25，31—35，41—45，51—55 共 25 个代码，这就构成了五笔字型的"区位号"。

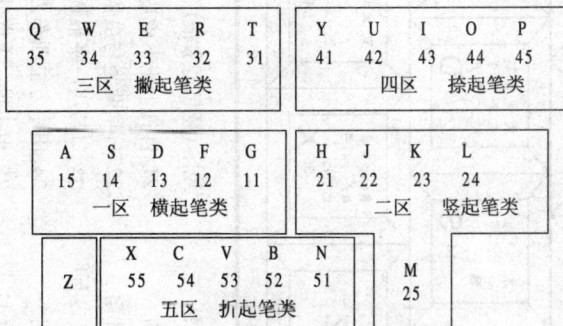

```
Q   W   E   R   T        Y   U   I   O   P
35  34  33  32  31       41  42  43  44  45
   三区  撇起笔类            四区  捺起笔类

A   S   D   F   G        H   J   K   L
15  14  13  12  11       21  22  23  24
   一区  横起笔类            二区  竖起笔类

        X   C   V   B   N
Z      55  54  53  52  51      M
         五区  折起笔类          25
```

图 3.4.1　字根区位意示图

在输入汉字时，一般将字根的首笔代码与区号对应，第二笔代码与位号对应，把 130 个字根分布在 25 个英文字母键上，为了便于记忆，并给字根配有助记词，如图 3.4.2 所示。

　　注意：并不是所有的字根绝对按照五笔字型编码规律，有的字根是笔画数与位号对应，这一点初学者在学习的过程中要逐渐掌握。

图中键盘字根分布：

35 Q 金 钅 鱼 儿 勹 乄 犭 夕 夕
34 W 人 亻 八 癶 夕
33 E 月 月 彡 用 乃 豕 豕 氐 丬
32 R 白 手 扌 彡 厂 匚 斤 斤
31 T 禾 竹 丿 彳 夂
41 Y 言 讠 文 方 亠 丶 广
42 U 立 六 辛 丬 冫 丷 疒 门
43 I 水 氺 小 氵 丷
44 O 火 业 灬 米
45 P 之 辶 廴 宀 冖 礻

15 A 工 匚 廿 弋 戈 匚 七
14 S 木 丁 西
13 D 大 犬 古 石 厂 三 ナ アナ デ
12 F 土 士 干 十 寸 二 雨
11 G 王 主 五 一
21 H 目 且 卜 上 止 止 龰 ⺊
22 J 日 曰 四 早 刂 虫
23 K 口 川
24 L 田 甲 四 罒 囗 车 皿 力

55 X 纟 幺 乡 弓 匕
54 C 又 厶 巴 马
53 V 女 刀 九 臼 彐 巛
52 B 子 孑 丁 也 阝 阝 凵 耳
51 N 巳 已 己 尸 尸 乙 心 忄 羽
25 M 山 由 贝 冂 几

Z

1区（横起笔字根）
11 王旁青头戋（兼）五一
12 土士二干十寸雨
13 大犬三羊（羊）古石厂
14 木丁西
15 工戈草头右框七

2区（竖起笔字根）
21 目具上止卜虎皮
22 日早两竖与虫依
23 口与川，字根稀
24 田甲方框四车力
25 山由贝，下框几

3区（撇起笔字根）
31 禾竹一撇双人立
反文条头共三一
32 白手看头三二斤
33 月彡（衫）乃用家衣底
34 人和八，三四里
35 金勺缺点无尾鱼，犬旁
留又儿一点夕，氏无七（妻）

4区（点起笔字根）
41 言文方广在四一
高头一捺谁人去
42 立辛两点六门疒
43 水旁兴头小倒立
44 火业头，四点米
45 之宝盖，摘礻（示）衤（衣）

5区（折起笔字根）
51 已半巳满不出己
左框折尸心和羽
52 子耳了也框向上
53 女刀九臼山朝西
54 又巴马，丢矢矣
55 慈母无心弓和匕
幼无力

五笔字型字根助记词

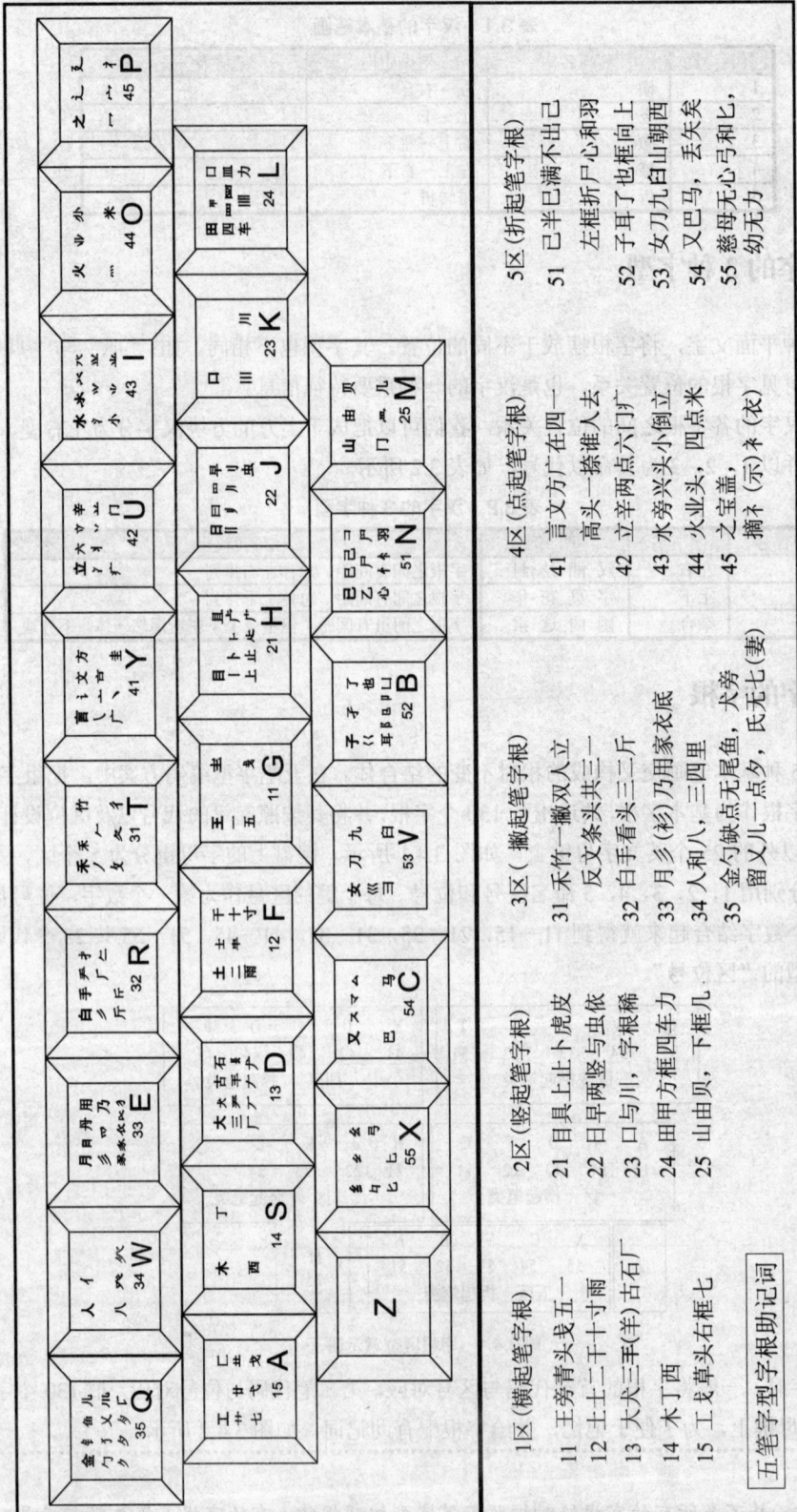

图 3.4.2 五笔字型字根键盘分布图

五、汉字的拆分规则

在输入汉字时，不但要了解汉字的结构、字型和字根，还需要掌握汉字的编码规则。所谓汉字的拆分就是将汉字按照一定的规则拆分成若干字根，拆分时要遵循以下规则：

（1）按照汉字书写顺序，从左到右，从上到下，从外到内进行拆分。

（2）以基本字根为单位进行拆分。

（3）字根数较多时，按一、二、三、末笔取码，最多取4个字根编码。

（4）拆分单字时，应遵循取大优先（也叫能大不小）原则，即在一个汉字的各种可能的拆分方法中，按照书写顺序，每次都拆分出尽可能大的字根，或以拆分出的字根数最少为优。

（5）字根数少于4个时，加末笔字型交叉识别码。

六、五笔字型编码规则

五笔字型输入法是由4位编码组成一个汉字，也就是说一个汉字对应4位编码。在输入汉字时，以基本字根为单位组字编码，并遵循以下编码规则：

五笔字型均直观，依照笔画把码编；

键名汉字打四下，基本字根请照搬；

一二三末取四码，顺序拆分大优先；

不足四码要注意，交叉识别补后边。

注意：键名汉字共有25个，如表3.3所示，输入时连续击4次它们所在的键位即可。

表3.3 键名汉字及其区位表

区位号	字　母	键名汉字	区位号	字　母	键名汉字
11	G	王	34	W	人
12	F	土	35	Q	金
13	D	大	41	Y	言
14	S	木	42	U	立
15	A	工	43	I	水
21	H	目	44	O	火
22	J	日	45	P	之
23	K	口	51	N	已
24	L	田	52	B	子
25	M	山	53	V	女
31	T	禾	54	C	又
32	R	白	55	X	纟
33	E	月			

七、末笔字型交叉识别码

对于不足四码的汉字，如"且"字拆分成"日、一"只有JG两个码，因此要增加一个所谓末笔字型交叉识别码F；又如S键上的"木"、"丁"、"西"与I键上的"氵"字根组成汉字"沐"、"汀"和"洒"，它们的编码都是IS，且字型结构都是左右型，在输入时计算机无法区分用户所需的字。

为了进一步区分这些汉字，五笔字型编码案中引入一个末笔字型交叉识别码。它是由最后一笔笔画的类型编号和汉字的字型编号组成，如表 3.4 所示。

表 3.4　末笔字型交叉识别码

字型 末笔笔画	左右型 1	上下型 2	杂合型 3
横 1	11G	12F	13D
竖 2	21H	22J	23K
撇 3	31T	32R	33E
捺 4	41Y	42U	43I
折 5	51N	52B	53V

末笔笔画有 5 种，字型信息有 3 种，因此末笔字型交叉识别码有 15 种，如上表所示。从表中可见，"旦"字的交叉识别码为 F，"沐、汀、洒"的交叉识别码分别为 Y，H，G。如果字根编码和末笔交叉识别码都一样，则这些汉字称为重码字。对重码字只有进行选择操作，才能获得需要的汉字。

> 提示：在五笔字型编码方案中，规定所有包围型与带"走"之的汉字，其末笔为被包围部分的最后一笔。

八、使用五笔字型输入法

五笔字型一般击 4 键就能输入一个汉字，但有些单字、成字根、键名字、简码（一、二、三级）以及词语就不遵循这一原则，下面分别介绍它们的输入方法。

1．汉字的输入

汉字的输入分为键面字（包括键名汉字和成字根汉字）和键外字两种，当键外字的字根不足 4 个时，依次击字根所在字母键，最后击末笔交叉识别码即可。如果键外字的字根超过 4 码，则取第一、二、三和末字笔字根编码，如"输"字，依次击 LWGJ 键即可。

2．键名字的输入

观察字根键盘表，可以发现每一个键的左上角都有一个汉字，这就是键名字。键名字是该键位上有一定代表性的字根，而且大多数本身就是一个汉字，它们的组字频度也很高。在输入时只需把它们所在的键位连击 4 次，如"金"字连击 4 次 Q 键即可。

3．成字根的输入

在输入成字根时，首先击它所在的键位，即先报户口，再输入第一、二和末笔画，不足四码，击一下空格键即可。如"辛"字，先击 U 键（报户口），然后击 Y 键（首笔），G 键（第二笔）和 H 键（末笔）；而"力"字，先击 L 键（报户口），然后击 T 键（首笔），N 键（次笔）和空格。

4．简码的输入

为了提高输入速度，对于常用的汉字，五笔字型编码方案制定了一级简码（也称高频字）、二级简码和三级简码规则。在输入简码时，只要分别击前一个字根，前两个字根，前三个字根，再击一下空格键即可。其中一级简码有 25 个，如图 3.4.3 所示；二级简码有 25×25 个，三级简码约有 4000 多个。

```
Q  W  E  R  T  Y  U  I  O  P
我  人  有  的  和  主  产  不  为  这

A  S  D  F  G  H  J  K  L
工  要  在  地  一  上  是  中  国

Z  X  C  V  B  N  M
经  以  发  了  民  同
```

图 3.4.3　一级简码

5．词组的输入

在输入汉字时以词组为单位输入,可减少击键次数,提高输入速度。五笔字型中的词组和字一样,一个词组仍只需四码。用每个词中汉字的前一、二个字根组成一个新的字码,与单个汉字的代码一样,来代表一条词汇。词组分为两字词、三字词、四字词和多字词组,它们的输入规则分别如下:

(1)两字词:分别取每字的前两个字根,共四码构成词汇简码。

例如:"机器"取"木、几、口、口",构成编码 SMKK

"经济"取"纟、又、氵、文",构成编码 XCIY

"汉字"取"氵、又、宀、子",构成编码 ICPB

(2)三字词:前两个字各取一个字根,最后一字取前两个字根作为编码。

例如:"操作员"取"扌、亻、口、贝",构成编码 RWKM

"计算机"取"讠、竹、木、几",构成编码 YTSM

(3)四字词:每字取第一个字根作为编码。

例如:"程序设计"取"禾、广、讠、讠",构成编码 TYYY

"汉字编码"取"氵、宀、纟、石",构成编码 IPXD

(4)多字词:超过四字词组,取第一、二、三及末 4 个汉字的第一个字根作为编码。

例如:"中华人民共和国"取"口、人、人、口",构成编码 KWWL

"电子计算机"取"曰、子、讠、竹、木",构成编码 JBYS

"五笔字型计算机汉字输入技术"取"五、竹、宀、木",构成编码 GTPS

五笔字型中的字和词都是四码,而且词组占用了同一个编码空间,对于词汇编码而言,由于词和字的字根组合分布规律不同,它们在汉字编码空间中各占据着基本上互不相交的一部分。因此词组和字的输入方法完全一样。

九、重码、容错码和万能键 Z 键的使用

在五笔字型输入法中有时会碰到几个五笔字型编码完全相同的汉字(如微、徽、徵其编码都是 TMGT),这就是重码,为了进一步处理重码,又定义了容错码。当对键盘字根不太熟悉或者对某一汉字的折分方法不确定时,可以使用 Z 键获取帮助,下面详细介绍重码、容错码和 Z 键的具体作用。

1．重码

所谓重码就是一个编码对应多个汉字,供用户选择,这个编码称为重码,而这几个汉字称为重码字。在五笔字型编码方案中,对重码的处理采用分级处理。

当输入重码字时,重码字会同时出现在屏幕的"提示行"中,而使用频率较高的字排在第一个位

置，如果需要的字在第 1 个位置，只管输入其他汉字，该字即可自动输入到光标所在的位置上；如果需要的字在第 2 个位置，单击字母键上方的数字键 2，即可将所需要的字输入到屏幕上。如输入"FIY"，将显示 1 求 2 裘 3 求 4 述 5 救；输入"TMGT"，将显示 1 微 2 徽 3 徵，如图 3.4.4 所示。

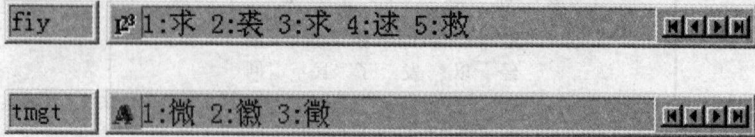

图 3.4.4　重码输入示意图

2. 容错码

所谓容错码就是几个编码对应一个汉字，这几个编码称为汉字的容错码，这个汉字就称为容错字。容错有两方面的含义，一是用户容易弄错编码的汉字，二是容许用户弄错的编码。在五笔字型编码输入方案中，容错字有 500 多种，通常将其分为拆分容错和字型容错两种类型。

（1）拆分容错。个别汉字的书写顺序因人而异，因此容易拆错，如：

长：丿七丶冫（正确码）　　　　　　　　　　长：七丿丶冫（容错码）

长：丿一丨丶（容错码）　　　　　　　　　　长：一丨丿丶（容错码）

秉：丿一彐小（正确码）　　　　　　　　　　秉：禾彐冫（容错码）

（2）字型容错。个别汉字的字型分类不易确定，如：

占：口二（正确码）　　　　　　　　　　　　占：口三（容错码）

右：口二（正确码）　　　　　　　　　　　　右：口三（容错码）

为了避免重码，对于不太常用的重码字，如"喜"和"嘉"的编码都是 FKUK，将其最后一个编码人为地修改为"L"，作为容错码，由于"喜"相对于"嘉"较常用，将最后一个"K"修改为"L"，即 FKUL 就作为"嘉"的惟一编码（"喜"虽是重码，但不需要挑选，相当于是惟一编码）。

3. 万能键"Z"键的使用

在五笔型字根键位表中使用了 25（A～Y）个英文字母键，惟有"Z"键几乎不常用，但它却有特殊的用途，当用户对于键盘字根不太熟悉或者对某一汉字的折分一时难以确定时，可以使用 Z键来代替。

在输入一个汉字的字根时，不论用户知道的是第几个字根，都可以单击"Z"键来代替。计算机软件设计可以帮助用户检索出那些符合已知字根代码的字，将汉字及其正确的代码显示在"提示行"中，例如，输入"易"字，确定不了第 3 个字根时，单击"Z"键来代替，即依次单击 JQZ 键，则在"提示行"中显示该字的正确编码，如图 3.4.5 所示，并根据这些字在提示行中的位置号，单击键盘上的数字键，即可将用户所需要的字从提示行中输入到所在光标的位置上。同时，由于提示行中的每个字后边都显示有它的正确外码，用户还可以从这里学习有关汉字的正确输入码。

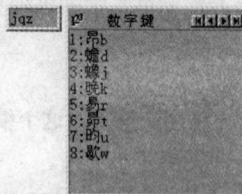

图 3.4.5　提示行

注意：在初学五笔字型输入法时，对于不易记忆的汉字编码，可通过"Z"键来帮助学习，但在拆分汉字前，必须记住其最基本的字根，因为用"Z"键的次数过多，在重码提示行中系统将会把所有符合已知字根的汉字分列出来，这将影响输入速度。

"Z"键不但可以代替其他键位和汉字的任何字根，而且有多种提示和查询功能，因此称其为万能学习键。

习题三

一、填空题

1．在选择输入法时，按_____组合键可打开或关闭中文输入法；按_____组合键可在英文和各种输入法之间进行循环切换。

2．使用智能 ABC 输入时，如果需要输入英文，可以不必切换到英文方式，只需输入_____作为标志符，后面跟随要输入的英文即可。

3．在使用微软拼音输入法时，用户可以不间断地输入_____字的拼音，不必关注_____和候选，这样既保证用户思维流畅，又提高了用户的输入效率。

二、选择题

1．五笔字型输入是一种将汉字（　　）分解、拼形输入的编码方案。

　　A．字型　　　　　　　　B．首尾　　　　　　　　C．字根　　　　　　　　D．ASCII 码

2．在五笔字型输入法中，把汉字分为（　　）种字型结构。

　　A．4　　　　　　　　　　B．3　　　　　　　　　　C．5

3．在五笔字型输入法中，（　　）是构成汉字的最基本的单位。

　　A．笔画　　　　　　　　B．字根　　　　　　　　C．单字

三、简答题

1．智能 ABC 的特点是什么？

2．智能 ABC 输入法与微软拼音输入法有什么异同？

3．汉字的有哪些基本特点？五笔字型输入法中汉字的拆分原则是什么？

四、上机操作题

1．熟悉五笔字型字根键位表。

2．分别使用微软拼音输入法和五笔字型输入法输入下面的文字。

网络络操作系统是用来管理网络上的各种计算机，使用户能方便地共享网络资源，为网络用户提供所需的各种服务软件和有关规程，并对网络上的资源提供一定的案例管理服务。网络操作系统可以用来监视网络的运行状况、管理网络的共享资源、保证资源的案例、优化网络的性能和排除网络的故障，以此确保网络能够高效可靠地工作，并为用户提供各种网络服务。

3．为五笔字型输入法设置快捷键。

4．使用软键盘，输入大写的"零、壹、贰、叁、肆、伍、陆、柒、捌、玖、拾"。

第四章　中文文字处理软件 Word 2003

在 Office 2003 的各个组件中，Word 2003 是最重要的组件之一，利用它可以很方便地进行文字的处理。在各种排版软件中，Word 2003 是最易学易用的排版软件。本章将主要介绍 Word 2003 的基础知识、基本操作、文档的编辑与格式设置、表格的使用、图形的处理和文档的其他排版与打印操作。

本章重点

（1）Word 2003 的基础知识。
（2）Word 2003 的基本操作。
（3）文档的编辑与格式设置。
（4）表格的使用。
（5）图形处理。
（6）文档的排版与打印。
（7）应用举例。

第一节　Word 2003 的基础知识

本节将主要介绍 Word 2003 的新增功能、启动、界面环境和视图方式，通过本节的学习就可以对 Word 2003 的基础知识有一个大概的了解。

一、Word 2003 的新增功能

Word 2003 相对于以前的 Word 版本，其新增功能主要表现在以下几个方面：

（1）可读性增强。Word 2003 将使计算机上的文档阅读工作变得前所未有的简单。它可以根据屏幕的尺寸和分辨率优化显示。同时新增的阅读版式视图也提高了文档的可读性。

（2）文档保护。在 Word 2003 中，文档保护可进一步控制文档格式设置及内容。例如用户可以指定使用特定的样式，并规定不能更改这些样式。当保护文档内容时，不再需要将相同的限制应用于每一名用户和整篇文档，就可以有选择地允许某些用户编辑文档中的特定部分。

（3）并排比较文档。有时要查看多名用户对同一篇文档的更改，可以利用 Word 2003 中比较文档的新方法——并排比较文档。其操作方法是首先同时打开两篇或多篇文档，然后选择 窗口(W) → 并排比较(B)... 命令，这时就可以同时比较这几篇文档之间的差异，如果并排比较的文档超过两篇，则会弹出 并排比较 对话框，如图 4.1.1 所示。在"并排比较"列表中选择要进行比较的文档，单击 确定 按钮即可。

（4）支持 XML 文档。Word 允许以 XML 格式保存文档，因此用户可将文档内容与其二进制（doc）格式定义分开。文档内容可以用于自动数据采集和其他用途。它可以通过 Word 以外的其他进程搜索或修改，如基于服务器的数据处理。用户可以在 模板和加载项 对话框中的 XML 架构 选项卡中将 XML 架构附加到任意文档。还可以指定架构文件的名称，以及是否希望 Word 使用此架构对文档进行验证。

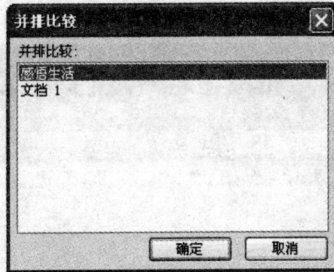

图 4.1.1 "并排比较"对话框

二、Word 2003 的启动

启动 Word 2003 最常用的方法是选择 开始 → 所有程序(P) → Microsoft Office → Microsoft Office Word 2003 命令，如图 4.1.2 所示。

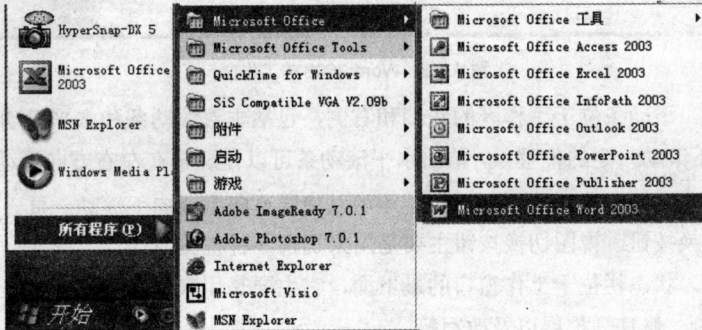

图 4.1.2 启动 Word 2003

三、Word 2003 的界面环境

启动 Word 2003 后，即可看到 Word 2003 工作窗口，如图 4.1.3 所示，其组成部分已在图中标明。下面介绍各组成部分的具体用途：

（1）标题栏。标题栏一般位于应用程序的最上面，从左到右分别为控制图标、正在编辑的文档名称，右端有 3 个按钮分别为："最小化"按钮、"最大化"按钮（"还原"按钮）和"关闭"按钮。

（2）菜单栏。Word 2003 的菜单栏中包括 9 个菜单项，分别为 文件(F) 、 编辑(E) 、 视图(V) 、 插入(I) 、 格式(O) 、 工具(T) 、 表格(A) 、 窗口(W) 和 帮助(H) 菜单项，用户用鼠标单击其中的任意一个菜单项后，将弹出其下拉菜单，选择相应的命令完成对文档的操作。

（3）工具栏。在图 4.1.3 中只列出用户最常用的 3 个工具栏。事实上，在 Word 2003 中还包括很多工具栏，选择 视图(V) → 工具栏(T) 命令，然后在弹出的子菜单中直接选择相应的工具栏即可。Word 2003 把用户常用的操作命令从菜单中分离出来，以按钮的形式显示在工具栏中，这样方便用户的操作。

（4）任务窗格。Word 2003 拥有一个开放而又充满活力的新外观，即新增的任务窗格，其中包括常用的任务，主要有"帮助"、"文档更新"、"搜索结果"和"信息检索"等任务窗格。

（5）工作区。在 Word 2003 的最中央就是工作区，它占据 Word 窗口的大片区域，用户可以在该工作区中对表格、文字和图形进行编辑。

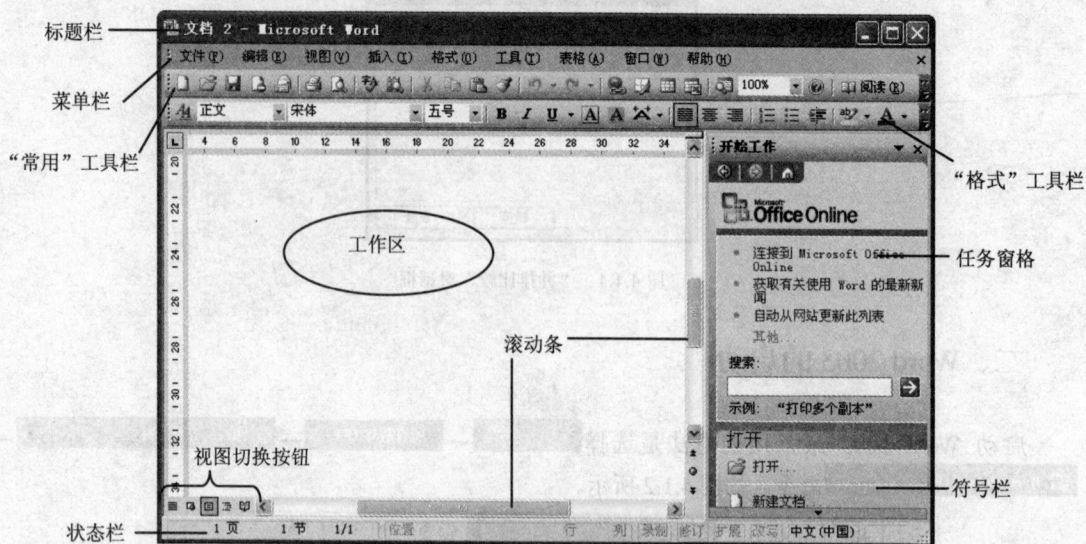

图 4.1.3　Word 2003 的工作窗口

（6）滚动条。滚动条位于工作区的底端和右侧，包括垂直滚动条和水平滚动条。单击垂直滚动条可以使屏幕上下滚动一定的位移量，单击水平滚动条可以使屏幕在左右方向滚动一定的位移量。单击"前一页"按钮▲和"下一页"按钮▼，还可以使屏幕向上或向下滚动一页。

（7）视图切换按钮。视图切换按钮主要是用来切换 5 种视图方式。

（8）状态栏。状态栏位于工作窗口的最下面，它主要是用来显示文档的一些信息，如插入点的位置、页码、录制、修订、扩展以及改写等。

四、Word 2003 的视图方式

Word 2003 中的视图方式主要有普通视图、Web 版式视图、页面视图、大纲视图和阅读版式视图 5 种。用户在文档的左下角可以直接单击相应的按钮来进行切换。

1. 普通视图

如果要切换到普通视图，可以直接单击视图切换按钮中的"普通视图"按钮▤，如图 4.1.4 所示。在普通视图方式下，可以简化页面的布局，其页面的左侧不显示标尺。

2. Web 版式视图

Web 版式视图是一种近似于 Web 页显示方式的视图，其编辑的文档可以直接用于因特网中，用浏览器可以直接浏览。单击视图切换按钮中的"Web 版式视图"按钮▣，可以直接切换到该视图方式，如图 4.1.5 所示。

3. 页面视图

页面视图是最常用的一种视图方式，其布局可以直接显示页面的实际尺寸，在页面中同时会出现水平标尺和垂直标尺。如果要切换到此视图，可以直接单击视图切换按钮中的"页面视图"按钮▣，如图 4.1.6 所示。

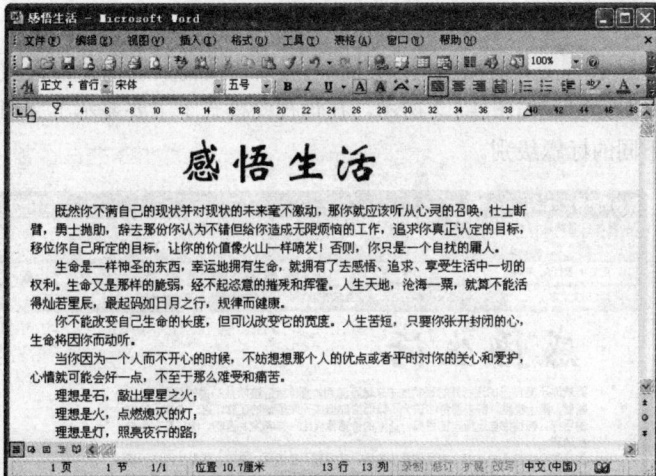

图 4.1.4　普通视图

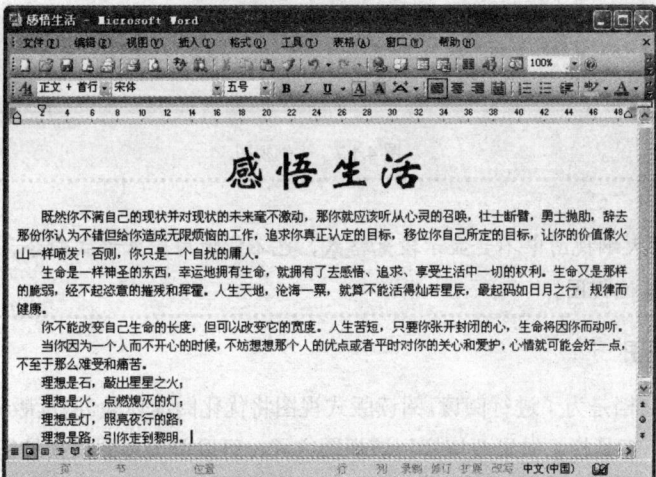

图 4.1.5　Web 版式视图

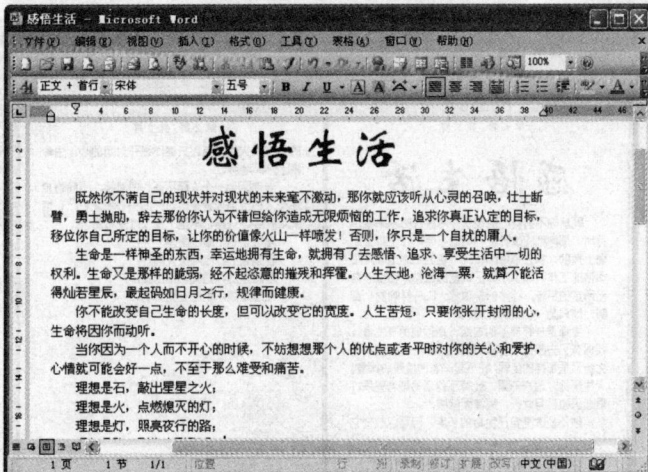

图 4.1.6　页面视图

4．大纲视图

单击视图切换按钮中的"大纲视图"按钮 ，可以切换到大纲视图。大纲视图中文本的正文部分用一个空心的小方块标记，如图 4.1.7 所示。在该视图模式下主要显示了文档的结构。而且通过缩进文本反映文档中不同的标题级别。

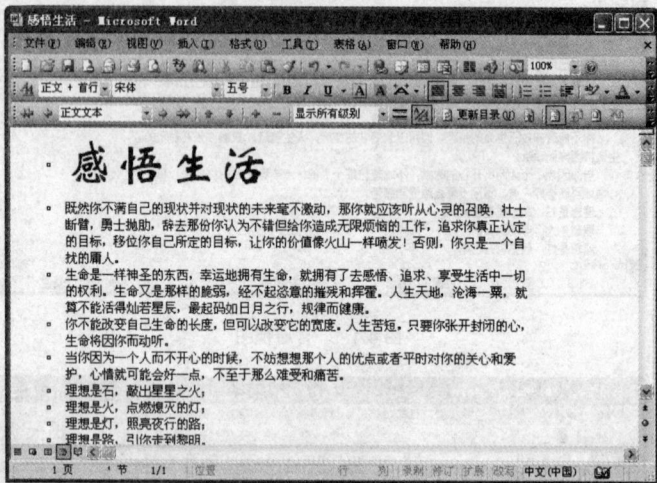

图 4.1.7　大纲视图

提示：在大纲视图中不会显示段落格式，也不能使用段落格式命令。若要浏览或修改段落格式，必须切换到其他视图。

5．阅读版式视图

如果用户打开文档是为了进行阅读，阅读版式视图将优化阅读体验。阅读版式视图会自动打开"阅读版式"和"审阅"工具栏。如果要切换到该视图方式，可以单击视图切换按钮中的"阅读版式"视图按钮 ，如图 4.1.8 所示。若要停止阅读文档时，单击"阅读版式"视图工具栏中的 关闭(C) 按钮，也可以按"Esc"键或"Alt+C"快捷键，就可以从阅读版式视图切换到原来的视图方式。

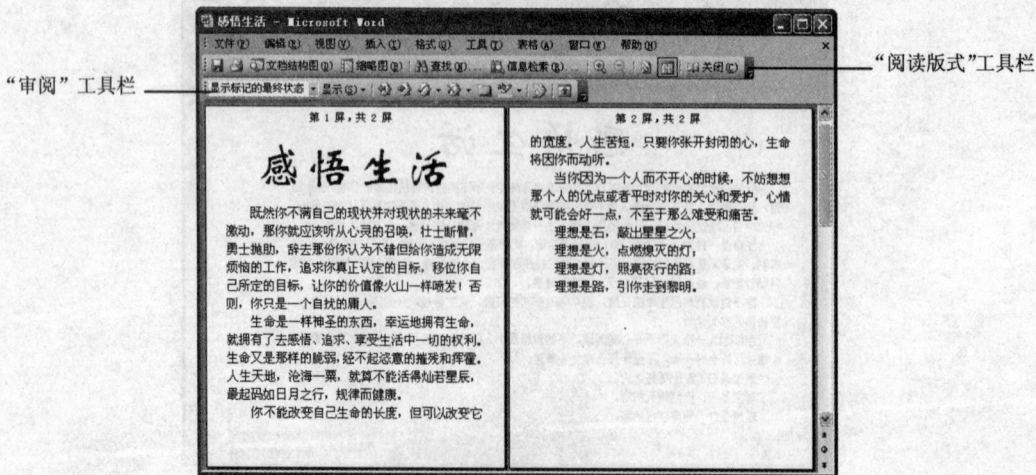

图 4.1.8　阅读版式视图

第二节　Word 2003 的基本操作

在对 Word 2003 的基本知识有所了解之后，在本节就主要讲解它的一些操作。主要包括新建和打开文档、输入文本、保存和关闭文档等。

一、新建和打开文档

在 Word 2003 中，新建文档是进行 Word 操作的第一步，新建好文档后，用户就可以在其中输入内容。打开文档是打开一个已经预先保存的文档，打开后就可以输入和编辑内容了。

1．新建文档

新建文档的方法主要有 3 种，分别为直接创建一个空白文档、利用模板创建文档和利用向导创建文档。

（1）直接创建一个空白文档。启动 Word 2003 后，系统会自动建立一个空白的文档，或者在编辑完一篇文档后，单击"常用"工具栏中的"新建空白文档"按钮 ，也可以新建一个空白文档。

（2）利用模板创建文档。在 Word 2003 应用软件中有很多模板供用户选用，例如备忘录、传真等。选择 文件(F) → 新建(N)… 命令，打开 新建文档 任务窗格，单击"本机上的模板"超链接，弹出如图 4.2.1 所示的 模板 对话框。用户可以打开各个选项卡，选择所需的模板，例如单击 备忘录 标签，打开 备忘录 选项卡，选择"现代型备忘录"模板选项，单击 确定 按钮，效果如图 4.2.2 所示。

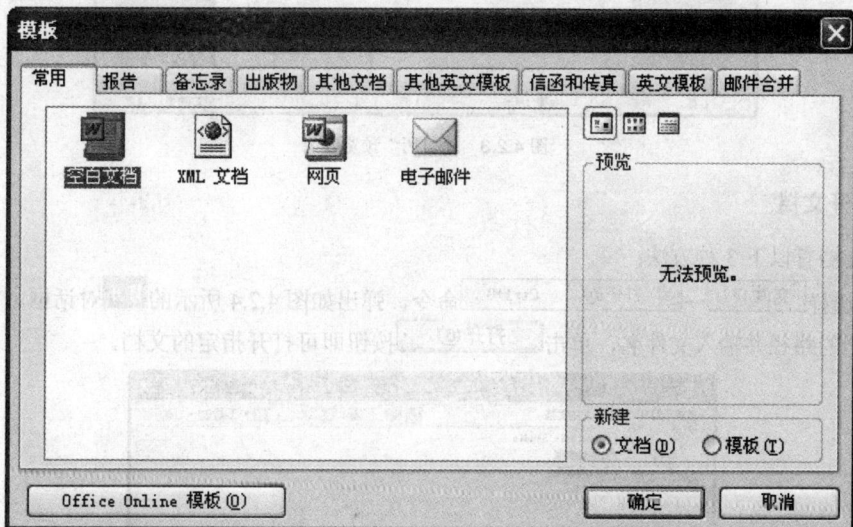

图 4.2.1　"模板"对话框

（3）利用向导创建文档。利用向导创建文档可以迅速创建一个比较专业的文档，其创建方法和利用模板创建基本类似。只不过模板创建的文档一次性就可以创建成功，而向导创建的文档是经过一系列的对话框来选择所需的选项，进而达到所需的要求。如图 4.2.3 所示的是使用向导创建"日历"的预览效果。

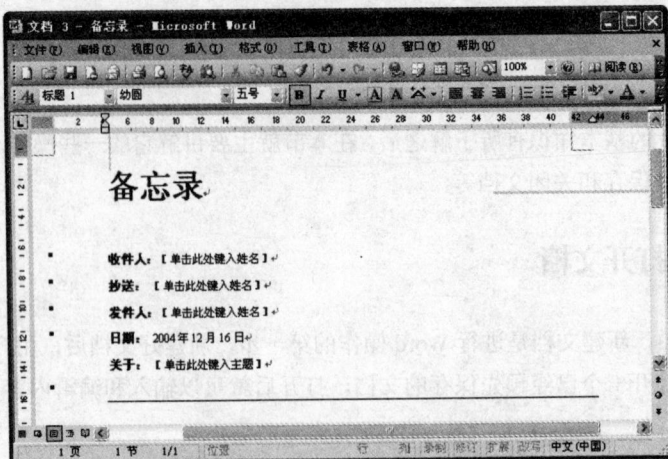

图 4.2.2　"现代型备忘录"模板

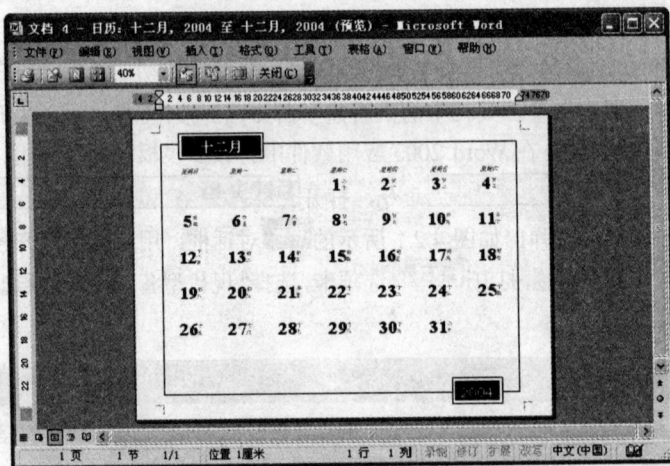

图 4.2.3　"日历"预览效果

2．打开文档

打开文档有以下 3 种方法：

（1）选择 文件(F) → 打开(O)... Ctrl+O 命令，弹出如图 4.2.4 所示的 打开 对话框。在该对话框中选择文档的路径并输入文件名，单击 打开(O) 按钮即可打开指定的文档。

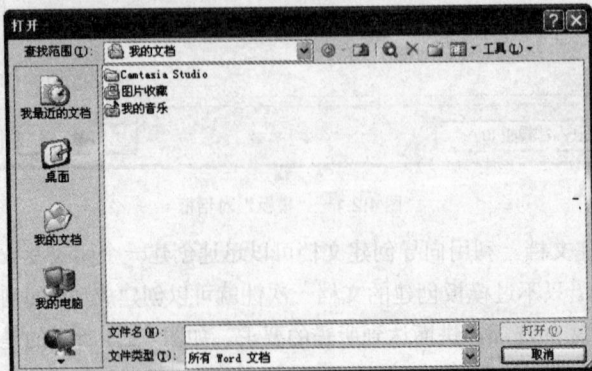

图 4.2.4　"打开"对话框

（2）单击"常用"工具栏中的"打开"按钮 ，在弹出的 打开 对话框中也可以打开一个文档。

（3）按"Ctrl+O"快捷键也可以打开一个文档。

二、输入文本

在新建完一个文档后，在文档的最上端会出现一个闪烁的光标，这就是插入点，在该插入点就可以输入文本。在光标定位处输入文本时，其插入点就向后移动，直到文本输入完成以后。在输入过程中，按"Delete"键可以删除右边的一个字符，按"BackSpace"键可以删除左边的一个字符。输入完一行的内容之后，可以按回车结束一行文字的输入。

在输入过程中，如果要使该文档的格式标记显示出来，选择 工具(T) → 选项(O)... 命令，弹出 选项 对话框，打开 视图 选项卡，如图 4.2.5 所示。在"格式标记"选区中选中所需的复选框，例如选中 ☑ 段落标记(M) 复选框，则会显示"段落标记" ↵ 符号。如果要隐藏该段落标记，可以取消选中该复选框即可。

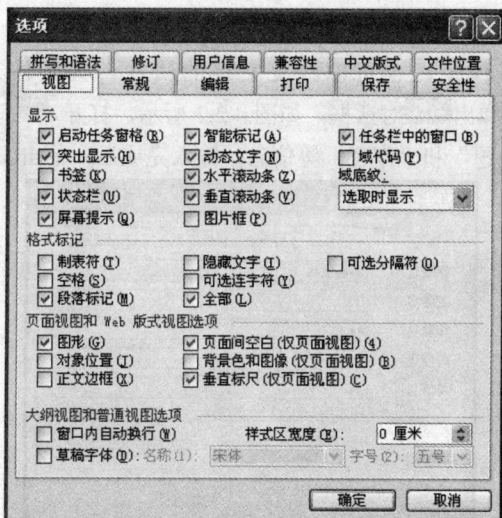

图 4.2.5　"视图"选项卡

三、保存和关闭文档

保存文档是进行文档操作过程中非常重要的一步，而关闭文档是对一个文档的操作完成后，实施的关闭操作。

1．保存文档

在创建一篇 Word 文档的过程中，应随时进行保存，以免计算机在发生故障时，造成数据丢失。保存文档的具体操作步骤如下：

（1）首先打开要保存的 Word 文档。

（2）选择 文件(F) → 保存(S)　Ctrl+S 或 另存为(A)... 命令，弹出如图 4.2.6 所示的 另存为 对话框。

（3）在"保存位置"下拉列表中选择要保存的文件夹位置，在"文件名"文本框中输入要保存的文件名。

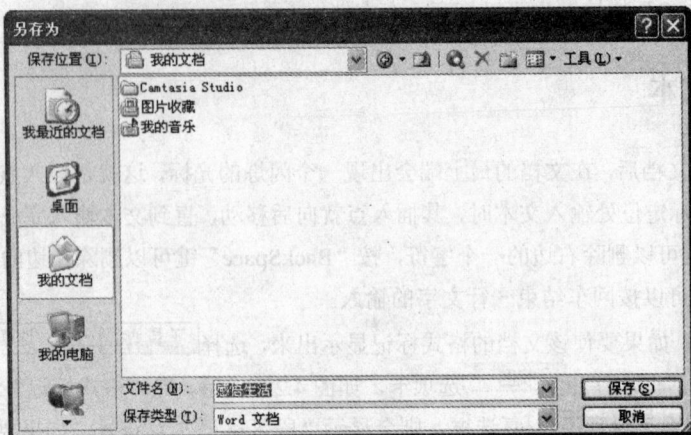

图 4.2.6　"另存为"对话框

（4）设置完成后，单击 保存(S) 按钮。

用户在保存文档的过程中，也可以改变文档的属性。其具体方法是：选择 文件(F) →
属性(I) 命令，弹出 属性 对话框，如图 4.2.7 所示，打开 摘要 选项卡，在该选项卡中可
以输入文档的"标题"、"主题"和"作者"等信息，输入完成后，单击 确定 按钮。

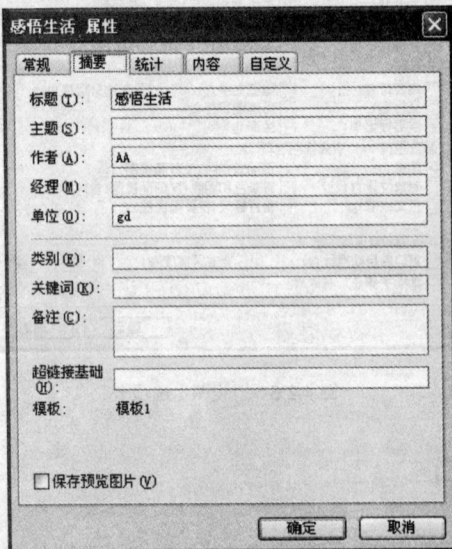

图 4.2.7　"属性"对话框

提示：在 Word 2003 中提供了自动保存功能，可以避免用户在忘记保存文档时，造成损失。
选择 工具(T) → 选项(O)... 命令，在弹出的 选项 对话框中打开 保存 选项卡，如图
4.2.8 所示，选中 ☑ 自动保存时间间隔(S): 复选框，在该复选框右边的微调框中输入自动保存的时间间
隔，单击 确定 按钮即可。

2. 关闭文档

在 Word 2003 中关闭文档的方法主要有 4 种。

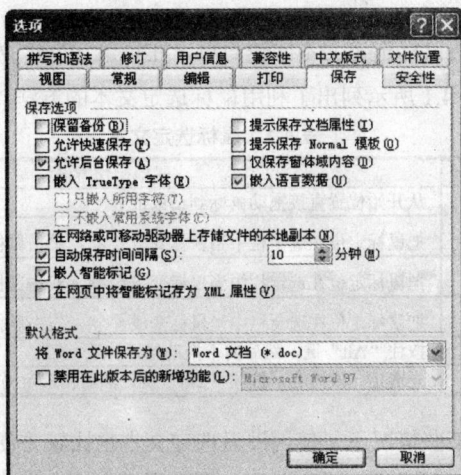

图 4.2.8 "保存"选项卡

（1）选择 文件(F) → 关闭(C) 命令。

（2）单击 Word 2003 左上角的控制图标 ，在弹出的列表菜单中选择 × 关闭(C) Alt+F4 命令即可。

（3）单击窗口右上角的"关闭"按钮 × 。

（4）按"Alt+F4"快捷键。

> 提示：在关闭 Word 文档之前，如果未保存修改后的文档，系统会弹出一个提示框，如图 4.2.9 所示。单击 是(Y) 按钮，则保存最后一次修改的内容；单击 否(N) 按钮，则系统对最后一次操作不进行保存；单击 取消 按钮，则返回编辑状态，继续编辑文档。

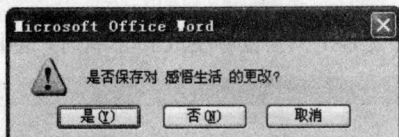

图 4.2.9 "Microsoft Office Word"提示框

第三节 文档的编辑与格式设置

新建好文档之后，下面就需要对文档中的某些部分进行编辑，在本节将主要介绍如何编辑文本、设置字符格式、设置段落格式、添加边框和底纹等。

一、编辑文本

编辑文本主要包括选定文本、移动文本、复制文本和删除文本。

1．选定文本

在对文档进行编辑之前，首先必须选定文本，选定文本的方法有两种：一种是利用鼠标选定文本；

另一种是利用键盘选定文本。

（1）鼠标选定文本。利用鼠标选定文本比较简单，在每个 Word 文档的左边为选定栏，在该区域中鼠标会变成 形状，如表 4.1 所示列出了利用鼠标选定文本的方法。

表 4.1　鼠标选定文本

选定文档范围	鼠标操作方法
指定的文档内容	从开始位置直接拖动鼠标到结束位置
一行文字	把鼠标定位在选定栏中当鼠标变成 状，单击鼠标
一段文字	把鼠标定位在选定栏中当鼠标变成 状，双击鼠标
整篇文档	把鼠标定位在选定栏中当鼠标变成 状，三击鼠标
垂直的文档内容	按住"Alt"键，然后向下拖动鼠标
不连续的文档内容	先选定一段内容，按住"Ctrl"键，然后在选定另一段文档内容

（2）键盘选定文本。在某些情况下，使用键盘选定文本也比较方便，例如要选定整个文档，按"Ctrl+A"快捷键，即可选定整个文档。表 4.2 列出了使用键盘选定文本的组合键及快捷键。

表 4.2　键盘选定文本

组合键及快捷键	键盘操作范围
Shift+↑	选定从当前光标处到上一行文本
Shift+↓	选定从当前光标处到下一行文本
Shift+←	选定当前光标处左边的文本
Shift+→	选定当前光标处右边的文本
Ctrl+A	选定整个文档
Ctrl+Shift+Home	选定从当前光标处到文档开头处的文本
Ctrl+Shift+End	选定从当前光标处到文档结尾处的文本

2．移动文本

在录入文本过程中，经常性的要改变文字与文字之间的位置，这时就需要移动文本，其具体操作步骤如下：

（1）选定要移动的文本。

（2）将鼠标定位在要移动的文本上，当鼠标变成 形状时，如图 4.3.1 所示。

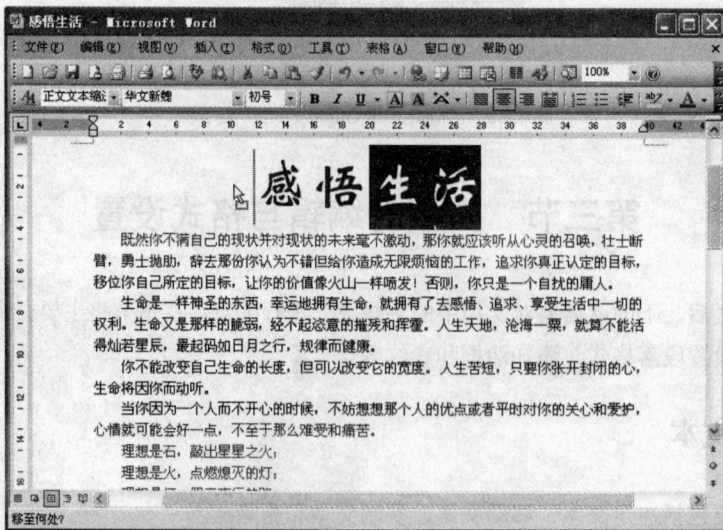

图 4.3.1　移动文本过程

（3）拖动鼠标到目标位置，释放鼠标即可。

另外，在选定一段文本之后，在选定的文本上单击鼠标右键，在弹出的快捷菜单中选择 ✂ 剪切(T) 命令，然后将鼠标定位在目标位置上，单击鼠标右键，在弹出的快捷菜单中选择 📋 粘贴(P) 命令，也可以实现文本的移动。

3．复制文本

要对文本进行复制，可以按照以下操作步骤进行：

（1）首先选定要复制的文本。

（2）选择 编辑(E) → 📋 复制(C) Ctrl+C 命令。

（3）将鼠标定位在要粘贴的文本的位置，选择 编辑(E) → 📋 粘贴(P) Ctrl+V 命令即可。

另外，利用鼠标也可以复制文本，具体方法是在选定文本之后，按住"Ctrl"键，当鼠标变成 形状，拖动鼠标到目标位置，释放鼠标即可。

4．删除文本

如果要删除一个汉字或一个英文单词，选中单词或汉字后直接按键盘上的"Delete"键或"BackSpace"键。如果要删除一段文本，在选定文本内容之后，除了可以按"Delete"键或"BackSpace"键删除外，还可以选择 编辑(E) → ✂ 剪切(T) Ctrl+X 命令来删除文本。

二、设置字符格式

一篇文章在录入完成后，还需要对文字进行设置，例如设置字体、字号、字形、字符间距、特殊效果等。

1．设置字体

如果给文字设置适当的字体，可以使文档的内容更加清晰，其具体操作步骤如下：

（1）选定要设置字体的文本。

（2）单击"字体"中的下三角按钮 ▼ ，弹出"字体"下拉列表，如图 4.3.2 所示。

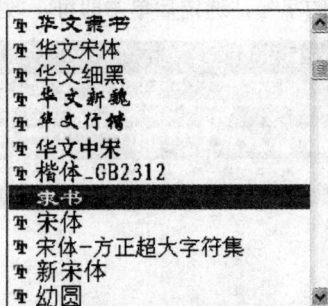

图 4.3.2 "字体"下拉列表

（3）在该下拉列表中选择所需的字体，例如选择"隶书"选项，效果如图 4.3.3 所示。

2．设置字号

除了可以设置字体外，还可以设置文字的字号，使整个文档看起来错落有致，其具体操作步骤如下：

（1）选定要设置字号的文本。

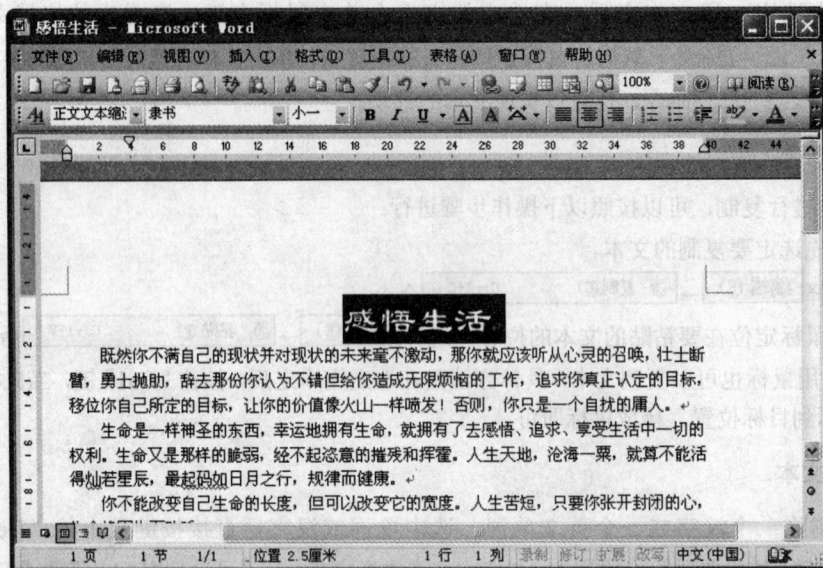

图 4.3.3　设置字体效果

（2）单击"字号"中的下三角按钮 ，弹出"字号"下拉列表，如图 4.3.4 所示。

图 4.3.4　"字号"下拉列表

（3）在该下拉列表中选择合适的字号，选定后单击即可，效果如图 4.3.5 所示。

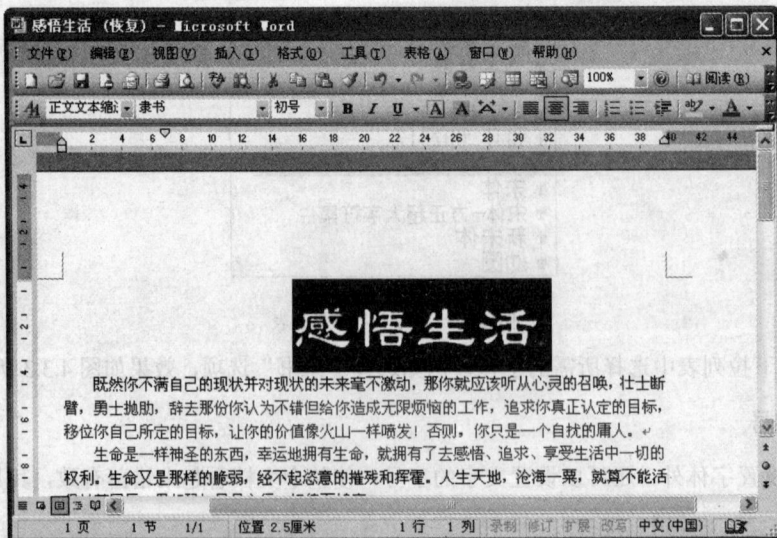

图 4.3.5　设置字号效果

3．设置字形

为文字设置字形包括加粗、倾斜和下划线等设置，其具体操作步骤如下：

（1）选定要设置字形的文本。

（2）单击"格式"工具栏中的"加粗"按钮 **B**、"倾斜"按钮 *I* 或"下划线"按钮 U，可以为文章中的不同文本设置字形效果，如图 4.3.6 所示。

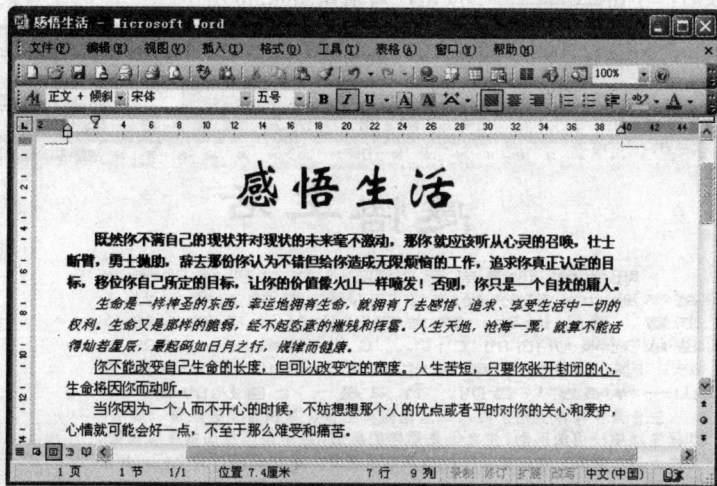

图 4.3.6　设置字形效果

4．设置字符间距

在某些情况下，排版某些文档时，还需要对文档设置字符间距，例如在该文档中有一行文字只有一个汉字，这样文章显得排列不均匀，这时就可以给该段文字设置字符间距，其具体操作步骤如下：

（1）选定要设置字符间距的文本。

（2）选择 格式(O) → A 字体(F)... 命令，弹出 字体 对话框。单击 字符间距(R) 标签，打开 字符间距(R) 选项卡，如图 4.3.7 所示。

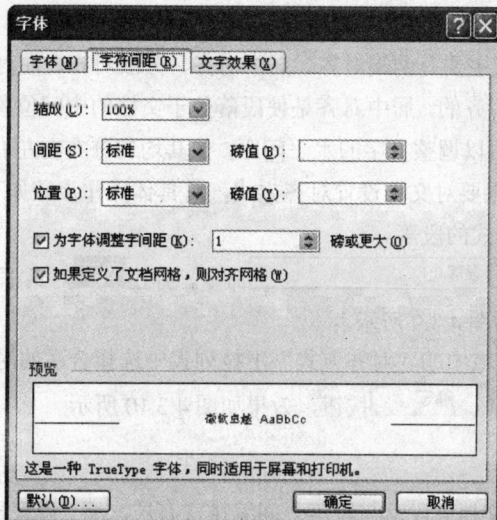

图 4.3.7　"字符间距"选项卡

（3）在"缩放"下拉列表中可以设置文字的缩放效果。

（4）在"间距"下拉列表中可以设置文字与文字之间的间距，其中有 3 种间距类型（标准、加宽和紧缩），然后在后面的"磅值"微调框中输入具体的数值。

（5）在"位置"下拉列表中可以设置文字的具体位置，其中有 3 种类型（标准、提升和降低），同样也可以在"磅值"微调框中输入具体的数值。

（6）设置完成后，单击 确定 按钮，效果如图 4.3.8 所示。

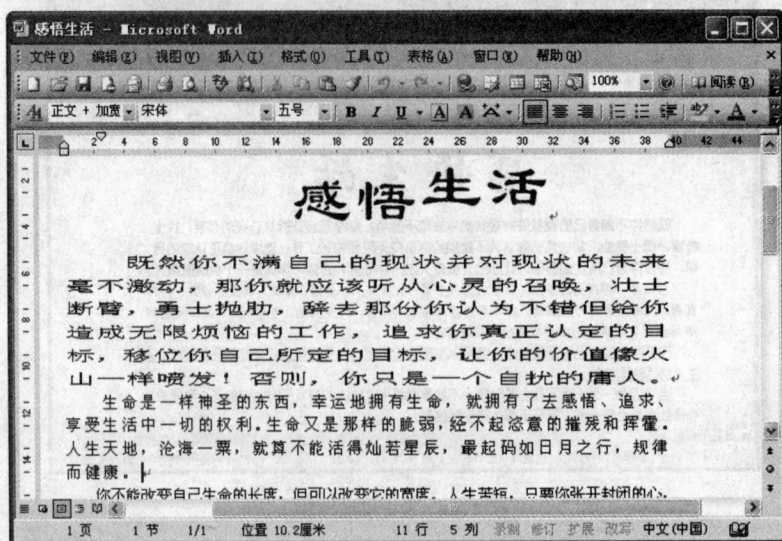

图 4.3.8　设置字符间距效果

三、设置段落格式

除了可以给文档中的文字设置文字格式以外，还可以给文档中的段落设置格式，以达到文字与段的和谐统一。设置段落格式主要包括设置对齐方式、缩进和间距。

1. 设置对齐方式

Word 2003 中的对齐方式主要有两端对齐、居中对齐、分散对齐、左对齐和右对齐 5 种。在默认情况下，文档中的段落是左对齐的。居中对齐是使段落处于文档的中间位置。分散对齐是使段落中的文本两边均匀对齐。两端对齐可以调整文字的水平间距，使其均匀分布在左右页边距之间。右对齐是使段落处于文档的右边界。如果要对文档设置对齐方式，其具体操作步骤如下：

（1）选定要设置对齐方式的段落。

（2）选择 格式(O) → 段落(P)… 命令，弹出 段落 对话框。单击 缩进和间距(I) 标签，打开 缩进和间距(I) 选项卡，如图 4.3.9 所示。

（3）在"常规"选项区域中的"对齐方式"下拉列表中选择合适的对齐方式。

（4）设置完成后，单击 确定 按钮，效果如图 4.3.10 所示。

2. 设置缩进

设置段落的缩进可以使文档中段落与段落之间编排富有层次感。设置段落缩进的方法有 3 种：利用 段落 对话框、标尺和按钮。

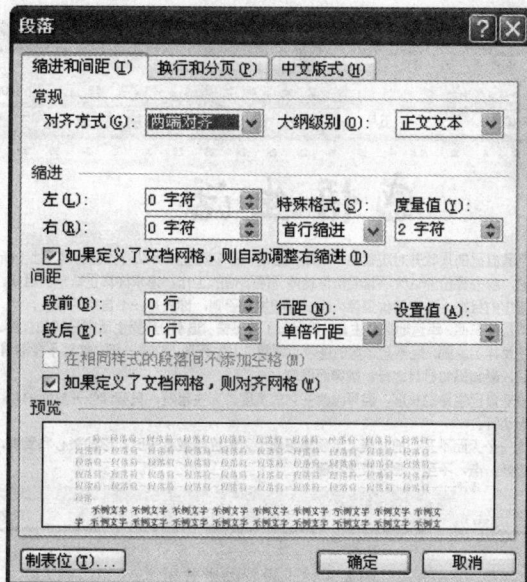

图 4.3.9 "缩进和间距"选项卡

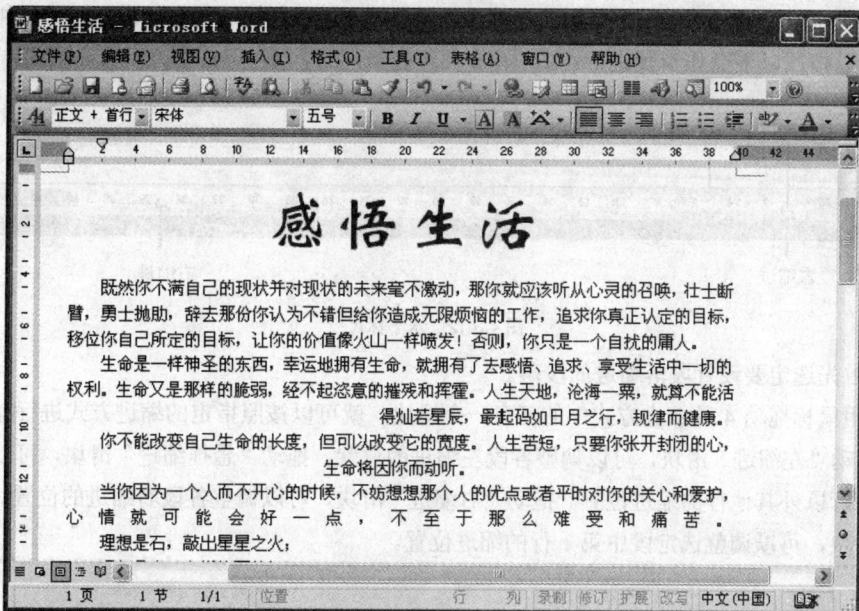

图 4.3.10 设置不同的对齐方式

（1）利用 段落 对话框。如果要利用 段落 对话框对段落设置缩进，可以按照以下操作步骤进行：

1）选定要设置段落缩进的段落。

2）选择 格式(O) → 段落(P)... 命令，弹出 段落 对话框（见图 4.3.9）。

3）在"缩进"选项组中的"左"和"右"微调框中设置它的缩进量。

4）还可以在"特殊格式"下拉列表中选择两种缩进方式（首行缩进和悬挂缩进）中的其中一种，选定后在"度量值"微调框中设置它的具体缩进量。

5）设置完成后，单击 确定 按钮，效果如图 4.3.11 所示。

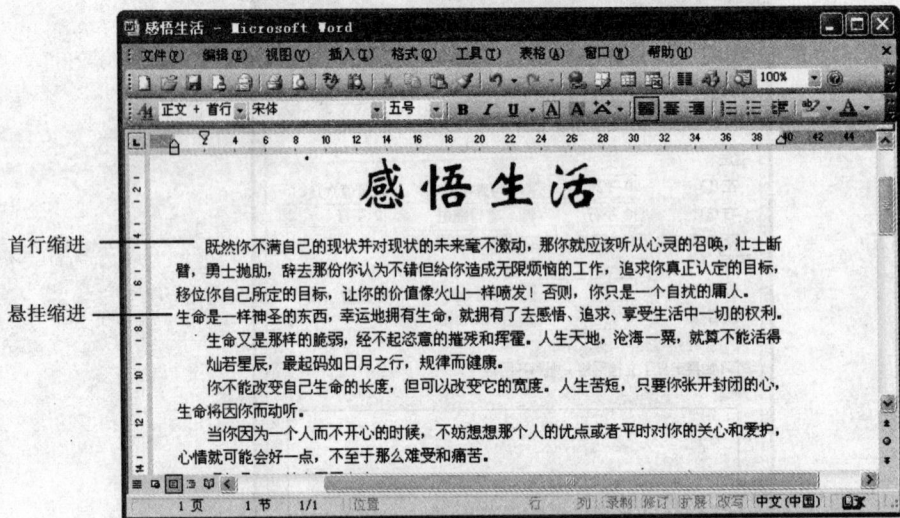

图 4.3.11　设置缩进效果

（2）利用标尺。在 Word 2003 的窗口中直接显示了标尺，如图 4.3.12 所示。在标尺的水平方向有 4 个小滑块可以设置段落的缩进，例如左缩进、悬挂缩进、首行缩进和右缩进。如果要利用标尺设置缩进，可以按照以下操作步骤进行：

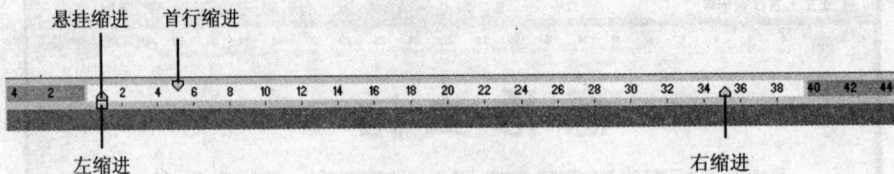

图 4.3.12　水平标尺

1）首先选定要设置段落缩进的段落。

2）用鼠标拖动 4 种缩进方式中的任意一个滑块，就可以按照指定的缩进方式进行缩进量的调整。例如拖动"左缩进"滑块，可以调整各段左缩进的位置。拖动"悬挂缩进"滑块，可以调整选定段中除第一行以外其他行的缩进位置。拖动"右缩进"滑块，可以调整各段右缩进的位置。拖动"首行缩进"滑块，可以调整选定段中第一行的缩进位置。

> 　提示：如果要精确设置缩进量，可以在拖动滑块的同时按住"Alt"键。

（3）利用按钮。利用"格式"工具栏中的"减小缩进量"按钮 和"增加缩进量"按钮 ，也可以设置段落的缩进，其具体操作步骤如下：

1）首先选定要设置段落缩进的段落。

2）单击"格式"工具栏中的"减小缩进量"按钮 ，可以使该段增加一个汉字的位置。单击"增加缩进量"按钮 ，可以使该段减少一个汉字的位置。

3. 设置间距

除了可以设置段落中文字之间的间距，还可以设置段落与段落之间的间距、行与行之间的间距，其具体操作步骤如下。

（1）选定要设置段落间距和行间距的文档内容。

（2）选择 `格式(O)` → `段落(P)...` 命令，弹出 `段落` 对话框（见图4.3.9）。

（3）在"间距"选项区域中的"段前"和"段后"微调框中分别输入所需的段前值和段后值。

（4）在"行距"下拉列表中选择所需的行距，其中有6种样式可供选择，分别为：单倍行距、1.5倍行距、2倍行距、最小值、固定值和多倍行距。也可以在"设置值"微调框中输入具体的数值。

（5）设置完成后，单击 `确定` 按钮，效果如图4.3.13所示。

四、添加边框与底纹

在Word 2003中，可以给文字加上适当的边框和底纹，在某些情况下，为了强调某个段落，还可以给该段落设置边框与底纹。

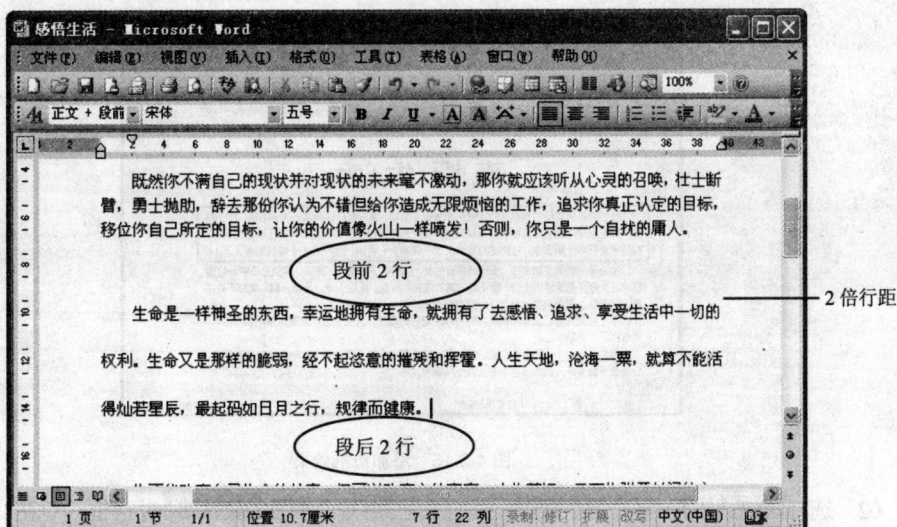

图4.3.13 设置间距效果

1．添加边框

如果要给某个段落添加边框，其具体操作步骤如下：

（1）选定要添加边框的段落。

（2）选择 `格式(O)` → `边框和底纹(B)...` 命令，弹出 `边框和底纹` 对话框，单击 `边框(B)` 标签，打开 `边框(B)` 选项卡，如图4.3.14所示。

（3）在"设置"选区中选择一种边框样式，例如选择"方框"样式。在"线型"列表框中选择一种所需的线型。在"颜色"下拉列表中选择边框的颜色，然后在"宽度"下拉列表中选择该线型的宽度。

（4）其效果将在 `预览` 选区中显示出来。最后在"应用于"下拉列表中选择要应用的文字或段落。

（5）设置完成后，单击 `确定` 按钮，添加的边框效果如图4.3.15所示。

2．添加底纹

如果要给某个段落添加底纹，其具体操作步骤如下：

（1）选定要添加底纹的段落。

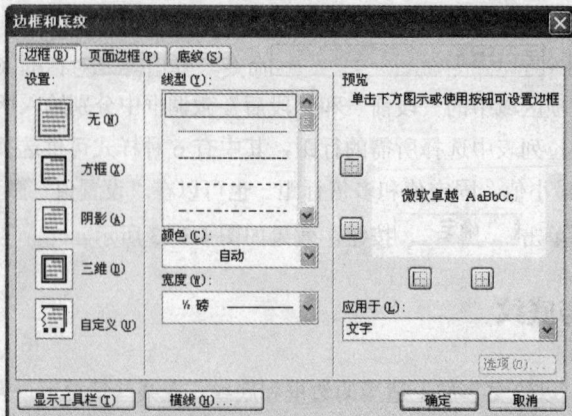

图 4.3.14 "边框"选项卡

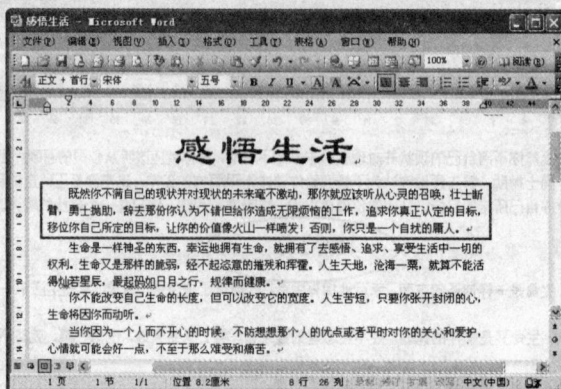

图 4.3.15 添加边框效果

（2）选择 格式(O) ─→ 边框和底纹(B)... 命令，弹出 边框和底纹 对话框，单击 底纹(S) 标签，打开 底纹(S) 选项卡，如图 4.3.16 所示。

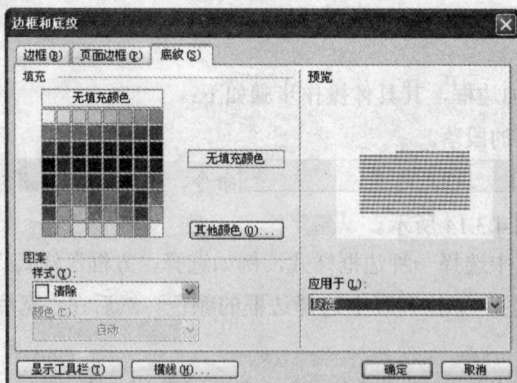

图 4.3.16 "底纹"选项卡

（3）在"填充"选区中选择填充颜色。单击 其他颜色(O)... 按钮，在弹出的 颜色 对话框中还可以选择其他的颜色。

（4）在"图案"选区中的"样式"下拉列表中选择图案的样式。

（5）在"应用于"下拉列表中选择"段落"选项。

（6）设置完成后，单击 [确定] 按钮，添加底纹效果如图 4.3.17 所示。

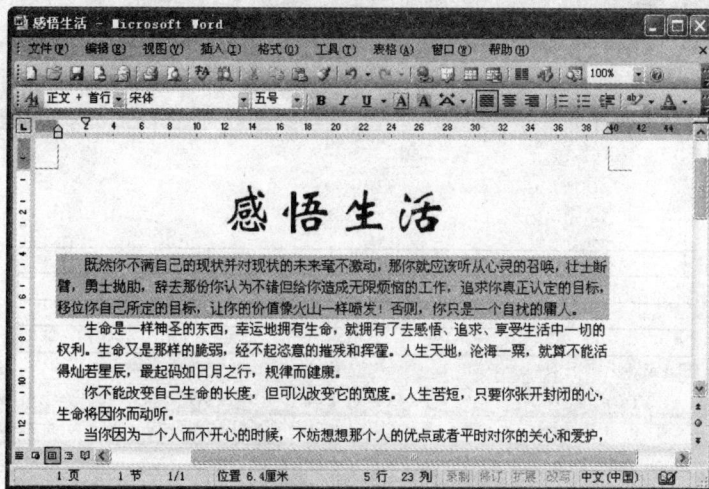

图 4.3.17　添加底纹效果

第四节　表格的使用

在 Word 2003 文档中插入表格，可以解决一些用文字无法表达的信息，例如在制作个人简历时，如果只是纯文字，会显示得杂乱无章，但是把相应的文字转换为表格，这样就会清晰、美观。

一、创建表格

在 Word 2003 中创建一般的表格有 3 种方法，分别为：使用"插入表格"按钮 、使用 [插入表格] 对话框和手工绘制表格。

1. 使用"插入表格"按钮

如果要使用"插入表格"按钮 ，可以按照以下操作步骤进行：

（1）新建一个 Word 文档，将插入点定位在要插入表格的位置。

（2）单击"常用"工具栏中的"插入表格"按钮 ，即可弹出如图 4.4.1 所示的示意表格。

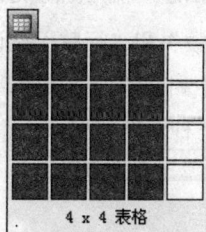

图 4.4.1　示意表格

（3）然后向右下方拖动，在示意表格的下方就会显示它的行数和列数。

（4）选定后单击鼠标，即可在插入点插入所需行数与列数的表格，如图 4.4.2 所示。

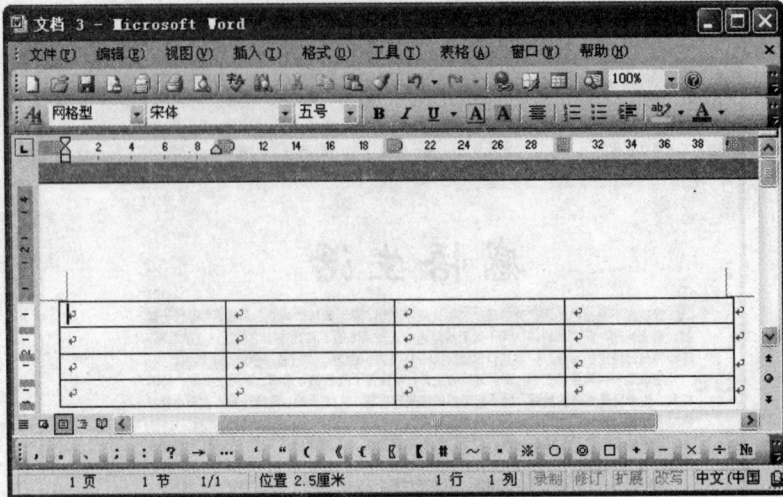

图 4.4.2　插入表格

2．使用"插入表格"对话框

使用 插入表格 对话框不但可以准确地确定表格的行数和列数，还可以自动调整表格的列宽，其具体操作步骤如下：

（1）将插入点定位在要插入表格的位置。

（2）选择 表格(A) → 插入(I) ▶ 命令，弹出 插入表格 对话框，如图 4.4.3 所示。

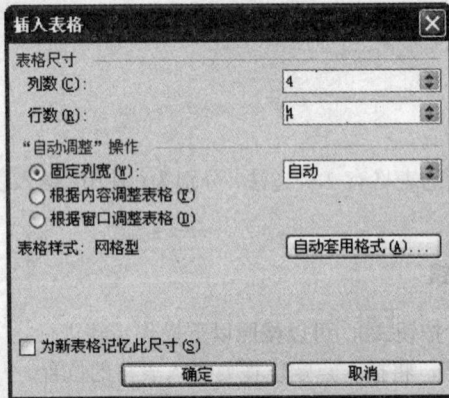

图 4.4.3　"插入表格"对话框

（3）在"表格尺寸"选区中的"列数"和"行数"微调框中分别输入表格的列数和行数。

（4）在"'自动调整'操作"选区中选中相应的单选按钮，设置表格的列宽。单击 自动套用格式(A)... 按钮，弹出 表格自动套用格式 对话框，选择一种表格类型。

（5）设置完成后，单击 确定 按钮。

3．使用手工绘制表格

用户使用手工绘制表格可以随心所欲地绘制表格，利用"表格和边框"工具栏中的"铅笔" ✐，可绘制出各种各样的表格，其具体操作步骤如下：

（1）将插入点定位在要绘制表格的位置。

（2）选择 表格(A) → 绘制表格(W) 命令，打开"表格和边框"工具栏，如图 4.4.4

所示。

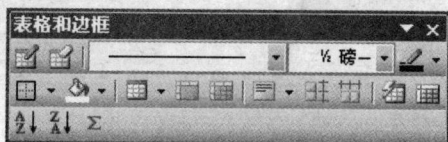

图 4.4.4 "表格和边框"工具栏

（3）单击"绘制表格"按钮 ，当鼠标变成 形状时，在文档中拖动鼠标绘制表格，如图 4.4.5 所示。

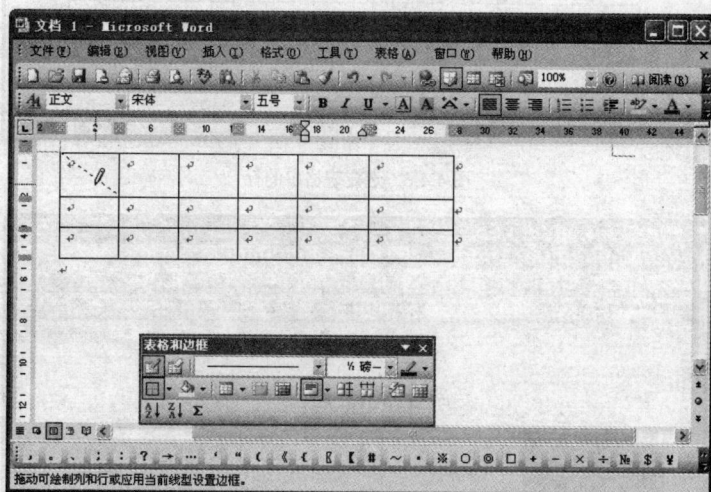

图 4.4.5 手工绘制表格

提示：单击"表格和边框"工具栏中的"擦除"按钮 ，可以将指定的单元格删除。

二、选定表格

在对表格进行编辑之前，首先必须选定表格，选定表格包括选定整个表格、选定行、选定列和选定表格中的某个单元格。

（1）选定行。选定表格中的行，可以按照以下操作步骤进行：

1）将鼠标光标定位于需要编辑的表格中。

2）选择 表格(A) → 选择(C) → 行(R) 命令，即可选定所需的行，如图 4.4.6 所示。或者将鼠标定位在要选定的行的表格的左侧，当鼠标变成 形状时单击鼠标并拖动，即可选定多行。

（2）选定列。选定表格中的列，可以按照以下操作步骤进行：

1）把鼠标定位在需要编辑的表格中。

2）选择 表格(A) → 选择(C) → 列(C) 命令，即可选定指定的列，如图 4.4.7 所示。或者把鼠标定位在要选定的列标上，当鼠标变成 形状时单击鼠标并拖动，即可选定连续的列。

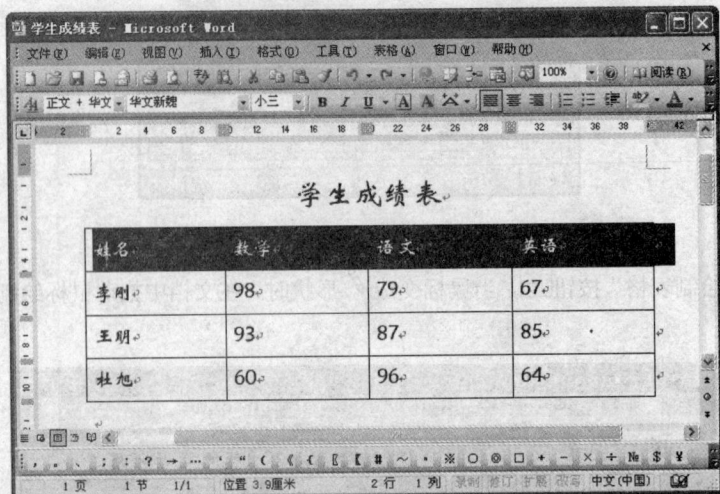

图 4.4.6 选定表格中的行

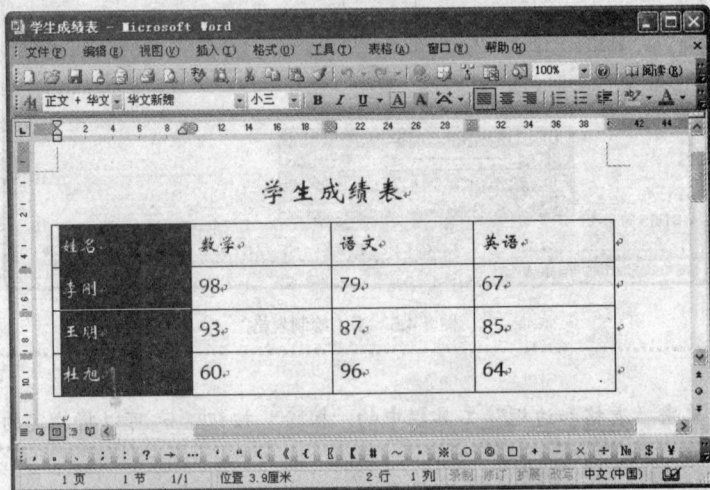

图 4.4.7 选定表格中的列

提示：在选定行和列时，按住 "Shift" 键可以选定连续的行和列；按住 "Ctrl" 键可以选定不连续的行和列。

（3）选定单元格。选定表格中的单元格，可以按照以下操作步骤进行：

1）把光标定位在要选定的单元格中。

2）选择 表格(A) → 选择(C) ▶ 单元格(E) 命令。或者把鼠标定位在表格中的某个单元格中，当鼠标变成 ◢ 形状时单击鼠标，即可选定一个单元格。拖动鼠标可以选定多个单元格，如图 4.4.8 所示。

提示：如果要选定整个表格，除了可以利用菜单命令外，还可以单击表格左上角的移动表格图标 ⊞。

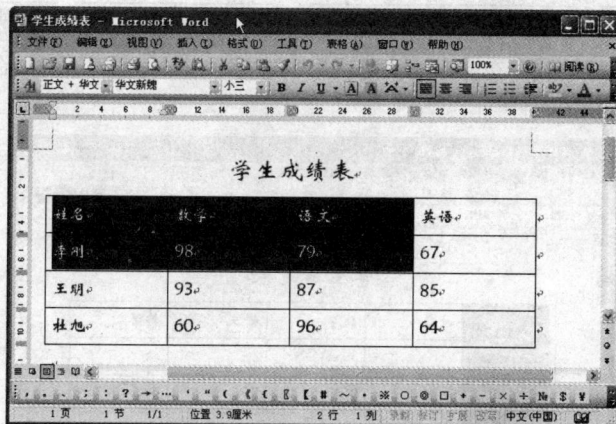

图 4.4.8　选定的单元格区域

三、插入行、列和单元格

对于绘制的表格，还可以在其中插入行、列和单元格，甚至还可以插入表格。

1. 插入行

在表格中插入行的具体操作步骤如下：

（1）首先选中行。

（2）选择 表格(A) → 插入(I) ▶ 行(在上方)(A) 或 行(在下方)(B) 命令，或者在选定的行中单击鼠标右键，在弹出的快捷菜单中选择 插入行(I) 命令，即可插入行，效果如图 4.4.9 所示。

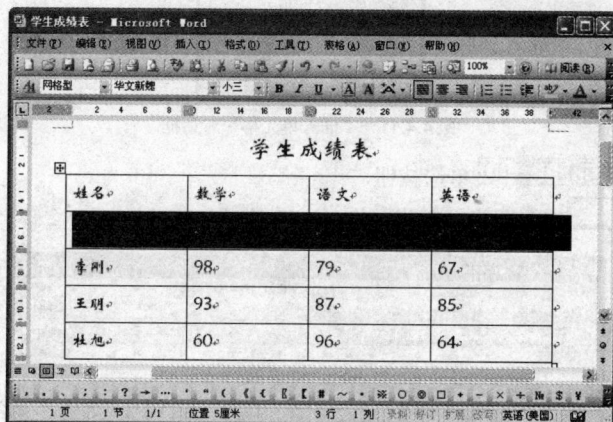

图 4.4.9　插入行

提示：如果要在表中的最后一行中插入一行，可以把鼠标定位在最后一个单元格中，按"Tab"键即可插入一行。

2. 插入列

在表格中插入列的具体操作步骤如下：

（1）首先选中列。

（2）选择 表格(A) → 插入(I) ▶ 列(在左侧)(L) 或 列(在右侧)(R) 命令，或者在选中的列中单击鼠标右键，在弹出的快捷菜单中选择 插入列(I) 命令，即可插入一列，效果如图 4.4.10 所示。

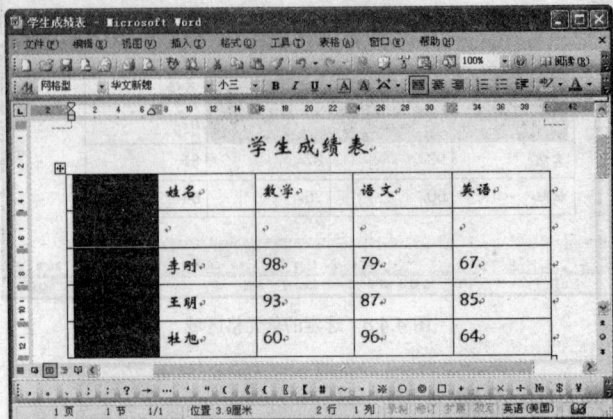

图 4.4.10 插入列

3．插入单元格

在表格中还可以插入单元格，其具体操作步骤如下：

（1）首先选定单元格区域，例如选中图 4.4.10 中的"姓名"和"数学"两个单元格。

（2）选择 表格(A) → 插入(I) ▶ 单元格(E)... 命令，弹出 插入单元格 对话框，如图 4.4.11 所示。

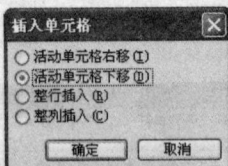

图 4.4.11 "插入单元格"对话框

（3）选中 ⊙活动单元格下移(D) 单选按钮。

（4）单击 确定 按钮即可，效果如图 4.4.12 所示。

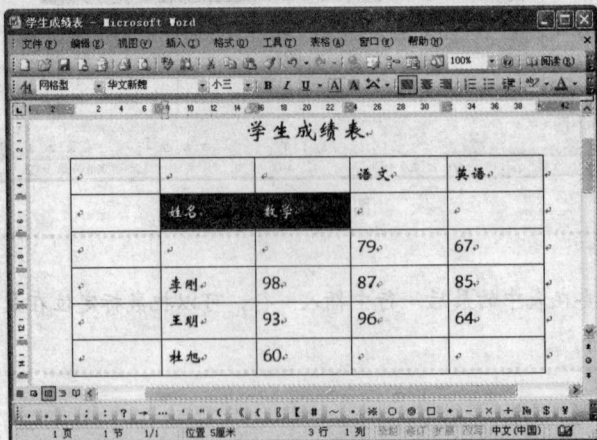

图 4.4.12 插入单元格效果图

四、单元格的拆分和合并

对单元格的合并就是将多个单元格合并为一个单元格，对单元格的拆分就是将一个单元格拆分为多个单元格。

1. 拆分单元格

如果要对表格中的单元格进行拆分，可以按照以下操作步骤进行：

（1）首先选定要拆分的单元格，例如选择"姓名"单元格。

（2）选择 表格(A) → 拆分单元格(P)... 命令，弹出 拆分单元格 对话框，如图 4.4.13 所示。

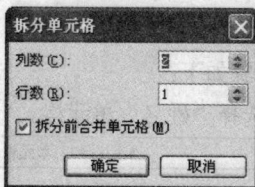

图 4.4.13 "拆分单元格"对话框

（3）在"列数"和"行数"微调框中输入所需的行数和列数。

（4）单击 确定 按钮即可，效果如图 4.4.14 所示。

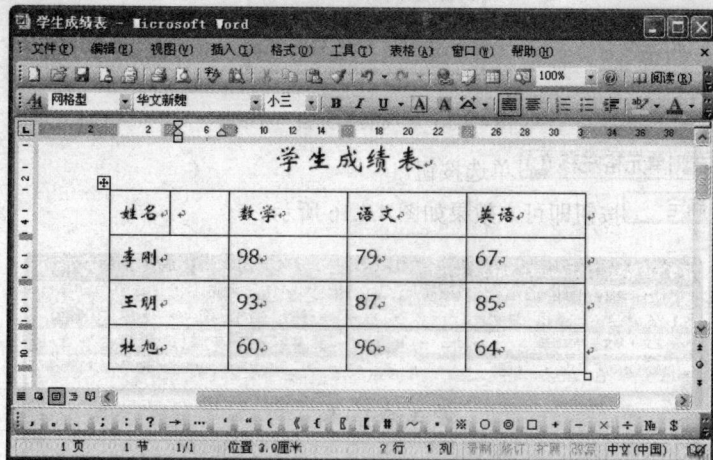

图 4.4.14 拆分单元格效果

> 提示：单击"表格和边框"工具栏中的"拆分单元格"按钮 ，也可以拆分指定的单元格拆分。

2. 合并单元格

合并单元格和拆分单元格是进行相反的操作，其具体操作步骤如下：

（1）选定要合并的单元格区域，例如选定图 4.4.14 拆分的两个单元格。

（2）选择 表格(A) → 合并单元格(M) 命令，或者单击"表格和边框"工具栏中的"合并单元格"按钮 ，即可合并选定的单元格。

五、删除行、列和单元格

在表格中除了插入行、列和单元格外，还可以删除表格中的行、列和单元格。

1．删除行和列

要删除表格中的行和列，其具体操作步骤如下：

（1）选定要删除的行或列。

（2）选择 `表格(A)` → `删除(D)` ▶ `列(C)` 或 `行(R)` 命令，即可删除选定的列或行。

2．删除单元格

如果要删除单元格，其具体操作步骤如下：

（1）选定要删除的单元格，例如选择"姓名"单元格。

（2）选择 `表格(A)` → `删除(D)` ▶ `单元格(E)...` 命令，弹出 `删除单元格` 对话框，如图 4.4.15 所示。

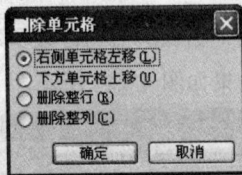

图 4.4.15　"删除单元格"对话框

（3）选中 `⊙ 右侧单元格左移(L)` 单选按钮。

（4）单击 `确定` 按钮即可，效果如图 4.4.16 所示。

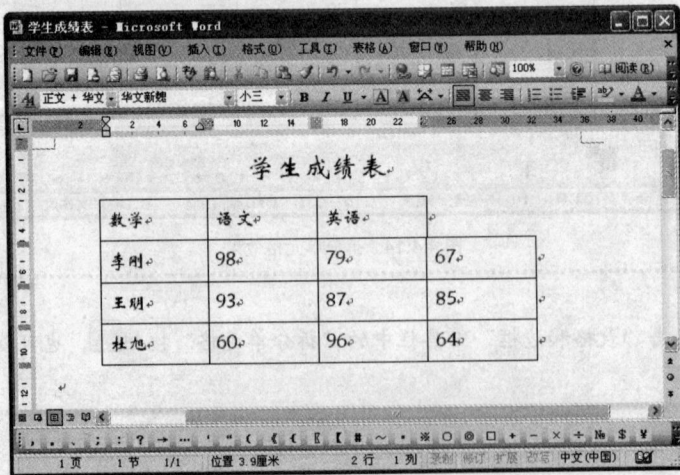

图 4.4.16　删除单元格效果

六、修饰表格

表格的一些基本操作完成后，还需要对表格做进一步的修饰，主要包括以下内容。

1. 表格自动套用格式

在 Word 2003 中预设了许多种表格自动套用格式，用户可以直接选择这些套用格式，其具体操作步骤如下：

（1）将插入点定位在要自动套用格式的表格中。

（2）选择 表格(A) → 表格自动套用格式(F)… 命令，弹出 表格自动套用格式 对话框，如图 4.4.17 所示。

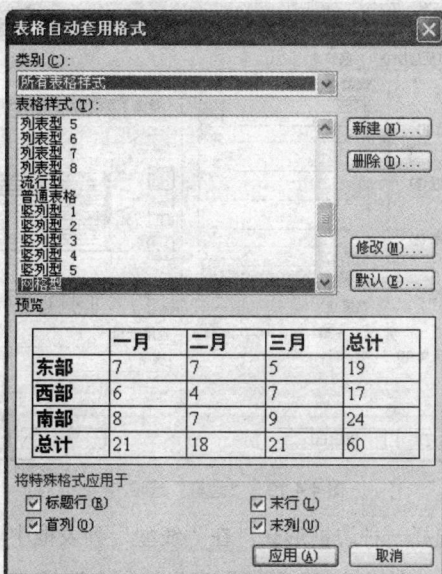

图 4.4.17 "表格自动套用格式"对话框

（3）在"类别"下拉列表框中选择表格的类别，例如选择"所有表格样式"选项。

（4）在"表格样式"列表框中选择一种表格样式，单击 新建(N)… 按钮，弹出 新建样式 对话框，可以对选择的表格样式进行属性和格式的设置，单击 确定 按钮。

（5）设置的效果将在"预览"区域中显示出来。

（6）在"将特殊格式应用于"选区中设置格式应用的范围，默认情况下是应用于整个表格。

（7）所有的设置完成后，单击 应用(A) 按钮即可，效果如图 4.4.18 所示。

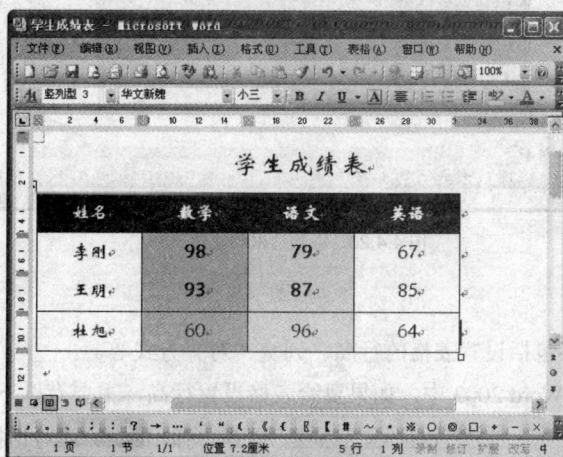

图 4.4.18 自动套用格式的效果

2. 设置边框和底纹

如果要给表格设置边框和底纹，可以按照以下操作步骤进行：

（1）选择要设置边框和底纹的表格或表格中的单元格区域。

（2）在选定的表格或单元格区域中单击鼠标右键，在弹出的快捷菜单中选择 边框和底纹(B)... 命令，弹出 边框和底纹 对话框，单击 边框(B) 标签，打开 边框(B) 选项卡，如图 4.4.19 所示。

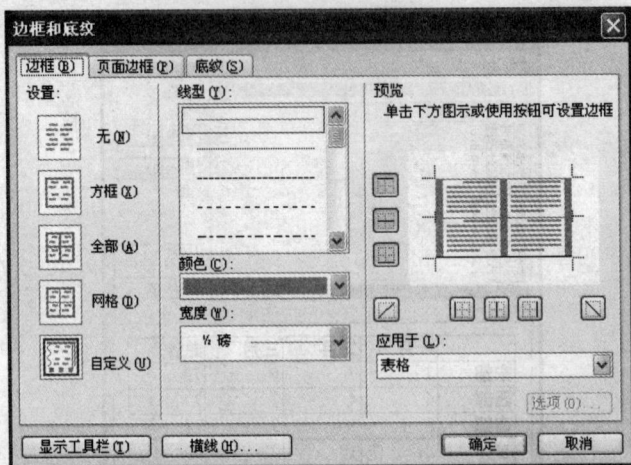

图 4.4.19　"边框"选项卡

（3）在"设置"选区中选择一种边框形式。在"线型"列表框中选择一种边框线型。

（4）打开 底纹(S) 选项卡，在"填充"和"图案"选区中选择一种底纹样式。

（5）所有的设置完成后，单击 确定 按钮，效果如图 4.4.20 所示。

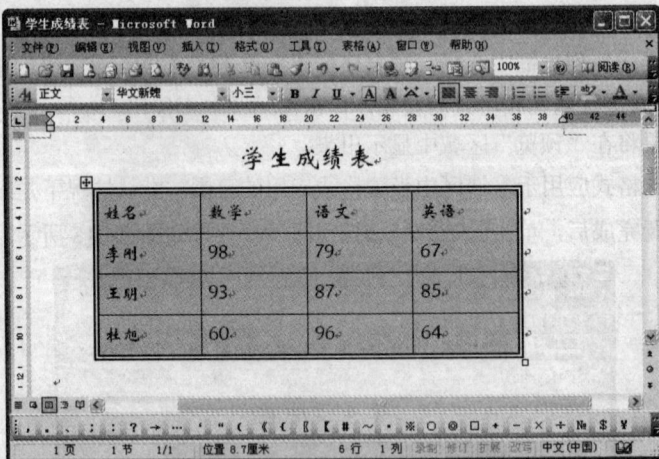

图 4.4.20　添加边框和底纹效果

3. 设置表格属性

设置表格的属性主要包括设置表格的行高、列宽、对齐方式等。

（1）设置行高。在 Word 2003 中，如果要给表格设置行高，主要有以下 3 种方法：

1）选择 表格(A) → 表格属性(R)... 命令，弹出 表格属性 对话框。单击 行(R) 标签，打开 行(R) 选项卡，如图 4.4.21 所示。在该选项卡中可以设置行高的具体数值。

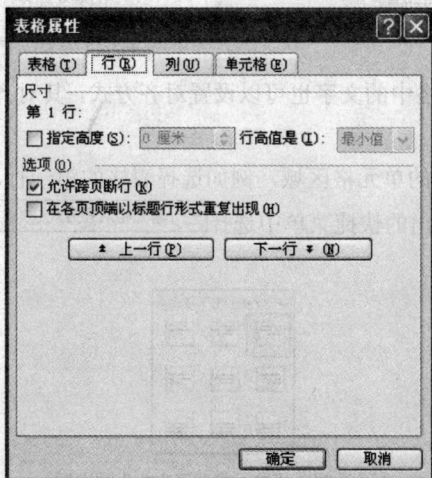

图 4.4.21　"行"选项卡

2）将鼠标指针移动到行边框线上，当鼠标指针变成 ⇕ 形状时，拖动鼠标到合适的位置释放鼠标即可改变行高。

3）选择 表格(A) → 自动调整(A) ▶ 命令，弹出如图 4.4.22 所示的级联菜单，在该级联菜单中选择 平均分布各行(N) 命令，将选定的行区域设置成相同的高度。

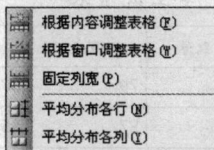

图 4.4.22　"自动调整"级联菜单

（2）设置列宽。为表格设置列宽，同样也有以下 3 种方法：

1）选择 表格(A) → 表格属性(R)... 命令，弹出 表格属性 对话框。单击 列(U) 标签，打开 列(U) 选项卡，如图 4.4.23 所示。在该选项卡中可以设置列宽的具体数值。

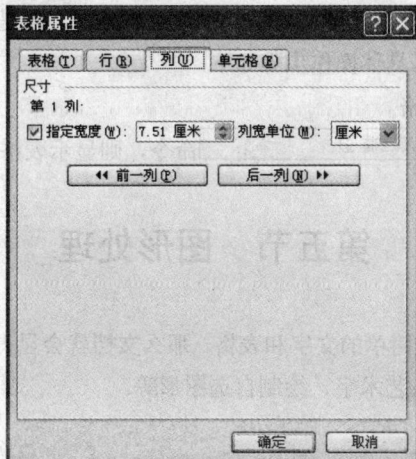

图 4.4.23　"列"选项卡

2）将鼠标指针移动到列边框线上，当鼠标指针变成 ╫ 形状时，拖动鼠标到合适的位置释放鼠标即可。

3）选择 表格(A) → 自动调整(A) ▶ → 平均分布各列(Y) 命令，将选定的列区域设置成相同的宽度值。

（3）设置对齐方式。在表格中的文字也可以设置对齐方式，其对齐方式是相对于表格的边框线，具体操作步骤如下：

1）选定要设置对齐方式的单元格区域，例如选择表格的第一行。

2）单击鼠标右键，在弹出的快捷菜单中选择 单元格对齐方式(G) ▶ 命令，弹出如图 4.4.24 所示的列表框。

图 4.4.24　"单元格对齐方式"列表框

3）选择合适的对齐方式，例如单击"中部居中"按钮 ，效果如图 4.4.25 所示。

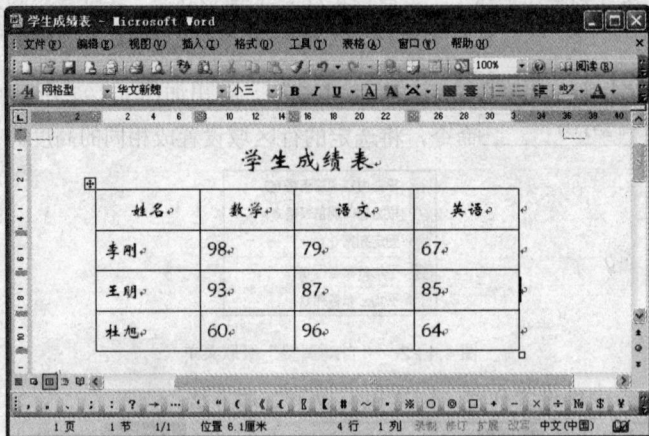

图 4.4.25　中部居中效果

（4）设置表格虚框。在默认情况下，表格的虚框是隐藏的，但是在某些情况下，由于表格的一些特殊需要，需要显示虚框，其具体操作步骤如下：

1）打开要显示虚框的表格。

2）选择 表格(A) → 显示虚框(G) 命令，则显示表格的虚框。

第五节　图形处理

在 Word 2003 中，如果只是简单的文字和表格，那么文档就会显得非常单调，这时就可以给文档导入图片、设置环绕方式、插入艺术字、绘制自选图形等。

一、插入图片

插入图片包括两方面，一方面可以插入剪贴画；另一方面还可以插入文件中的图片。

1. 插入剪贴画

在 剪贴画 ▼ 任务窗格中内置了许多图片，用户可以直接插入其中的图片，其具体操作步骤如下：

（1）将插入点定位在要插入图片的位置。

（2）选择 插入(I) → 图片(P) ▶ → 剪贴画(C)... 命令，打开如图 4.5.1 所示的 剪贴画 ▼ 任务窗格。

图 4.5.1 "剪贴画"任务窗格

（3）在"搜索文字"选区中单击 搜索 按钮，则系统将自动搜索所有的剪贴画，也可以在"搜索范围"和"结果类型"下拉列表中选定具体的类型，然后单击 搜索 按钮。

（4）在图片列表中选择所需的图片并单击该图片，即可将选择的图片插入到文档中，效果如图 4.5.2 所示。

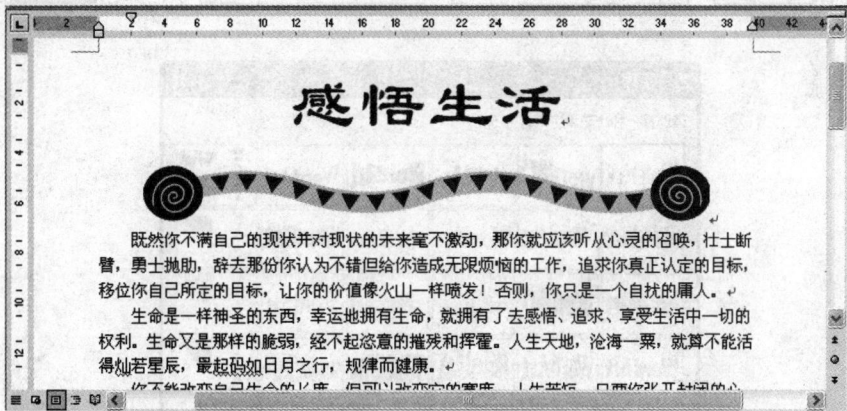

图 4.5.2 插入剪贴画效果

2. 插入文件中的图片

除了可以插入 剪贴画 ▼ 任务窗格中的图片外，还可以插入文件中的图片，其具体操作步骤如下：

（1）将插入点定位在要插入图片的位置。

（2）选择 插入(I) → 图片(P) ▶ → 来自文件(F)... 命令，弹出 插入图片 对话框，如图 4.5.3 所示。

图 4.5.3 "插入图片"对话框

（3）在"查找范围"下拉列表中选择图片的存放路径，其文件名将在"文件名"文本框中显示出来。

（4）选定后单击 插入(S) 按钮。

二、插入艺术字

在文档中插入具有特殊效果的艺术字，这样可以使文字更富有艺术效果，例如可以创建具有阴影的、扭曲的和拉伸的文字。其具体操作步骤如下：

（1）将鼠标定位在要插入艺术字的文档中。

（2）选择 插入(I) → 图片(P) ▶ → 艺术字(W)... 命令，弹出 艺术字库 对话框，如图 4.5.4 所示。

图 4.5.4 "艺术字库"对话框

（3）在"请选择一种'艺术字'样式"选区中选择一种艺术字样式。

（4）弹出 编辑"艺术字"文字 对话框，如图 4.5.5 所示。在"文字"文本框中输入要设置的艺术字文字。

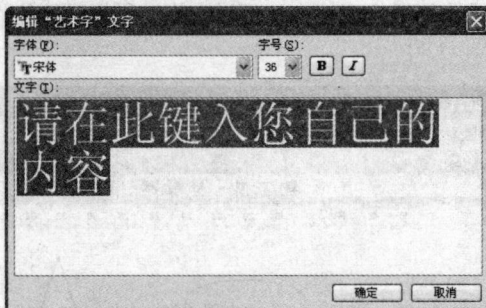

图 4.5.5　"编辑'艺术字'文字"对话框

（5）所有的设置完成后，单击 确定 按钮，效果如图 4.5.6 所示。

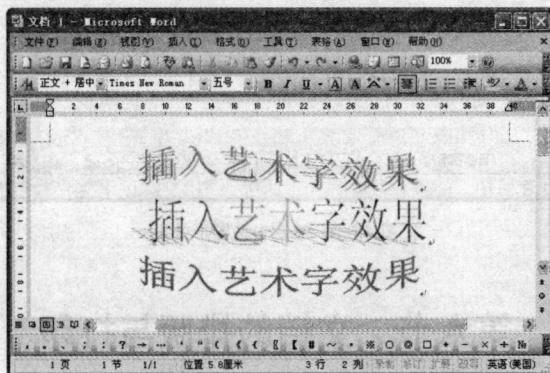

图 4.5.6　插入艺术字效果

三、绘制自选图形

在 Word 2003 的"绘图"工具栏中内置了许多种自选图形样式，用户可以使用这些自选图形，绘制所需的自选图形。其具体操作步骤如下：

（1）选择 视图(V) → 工具栏(T) ▶ → 绘图 命令，即可打开"绘图"工具栏，如图 4.5.7 所示。

图 4.5.7　"绘图"工具栏

（2）单击 自选图形(U)▼ 按钮，弹出其下拉菜单，如图 4.5.8 所示。

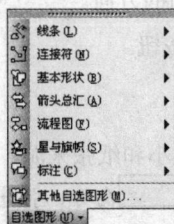

图 4.5.8　"自选图形"下拉菜单

（3）在该下拉菜单中选择需要绘制的自选图形，当鼠标变成 ✛ 形状时，拖动鼠标即可绘制，如果要保持图形的高度和宽度成比例增大或缩小，可以在拖动鼠标时按住"Shift"键。如图 4.5.9 所示为绘制的自选图形效果。

图 4.5.9　绘制自选图形效果

第六节　文档的排版与打印

在本节主要介绍文档的一些排版操作，例如样式和模板的使用、创建目录、页面设置、打印输出等。

一、页面设置

对 Word 文档进行页面设置，可以对它的页边距、纸张、版式、文档网络等方面进行设置。

1. 设置页边距

页边距是页面四周的空白区域。设置页边距的具体操作步骤如下：

（1）选择 文件(F) → 页面设置(U)... 命令，弹出 页面设置 对话框。在默认情况下打开的是 页边距 选项卡，如图 4.6.1 所示。

（2）在"页边距"选区中可以设置页面的上、下、左和右边距。

（3）在"方向"选区中可以设置页面的方向。

（4）设置完成后，单击 确定 按钮。

2. 设置纸张

在 纸张 选项卡中可以设置纸张的大小和纸张来源，其具体操作步骤如下：

（1）选择 文件(F) → 页面设置(U)... 命令，弹出 页面设置 对话框。单击 纸张 标签，打开 纸张 选项卡，如图 4.6.2 所示。

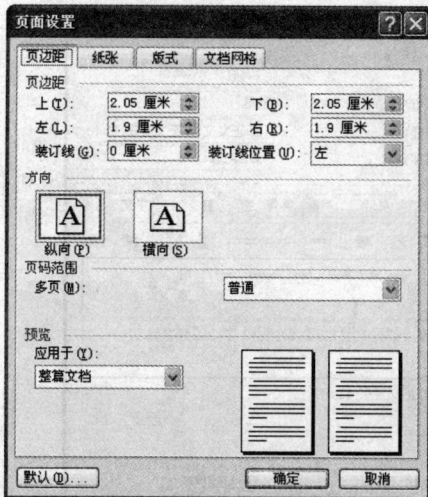

图 4.6.1　"页边距"选项卡　　　　　　图 4.6.2　"纸张"选项卡

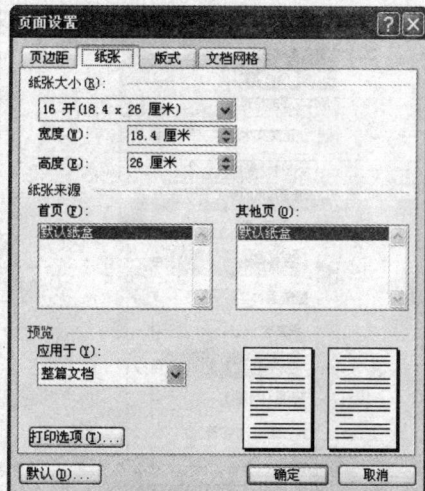

（2）在"纸张大小"选区的下拉列表中选择系统默认的纸张大小，或在"宽度"和"高度"微调框中输入具体的数值。

（3）在"纸张来源"选区中设置打印时纸张的进纸方式。

（4）设置完成后，单击 确定 按钮。

3．设置版式和文档网格

给 Word 文档设置版式可以设置节的起始位置、页眉和页脚的边距等，其具体设置方法是在 页面设置 对话框中打开 版式 选项卡，然后进行相应的设置。

给 Word 文档设置文档网络可以指定在文档网格中每行显示的字符数、每页显示的行数，还可以指定网格的大小。其具体设置方法是在 页面设置 对话框中打开 文档网格 选项卡，然后进行相应的设置。

二、样式与模板的使用

样式和模板是 Word 2003 对文档编辑和排版的重要工具，其中使用样式可以一次性把文档中对于文字的字体、字号、字形和段落间距、缩进等格式设置应用于其他的文档中。使用模板可以把具有相同排版格式的文档应用于其他的文档中。

1．使用样式

如果要对指定的文档定制样式，可以按照以下操作步骤进行：

（1）单击"格式"工具栏中的"格式窗格"按钮 ，打开 样式和格式 任务窗格，如图 4.6.3 所示。

（2）单击 新样式... 按钮，弹出 新建样式 对话框，如图 4.6.4 所示。

（3）在"属性"选区中的"名称"文本框中输入要创建的样式名。在"样式类型"下拉列表中选择要定义的样式类型，其中有两个选项：字符和段落。

（4）单击 格式(O)· 按钮，弹出一个下拉菜单，如图 4.6.5 所示。

（5）在该下拉菜单中可以为选择的"字符"或"段落"设置具体的格式，还可以选择 快捷键(K)... 选项，在弹出的 自定义键盘 对话框中为该样式设置快捷键。

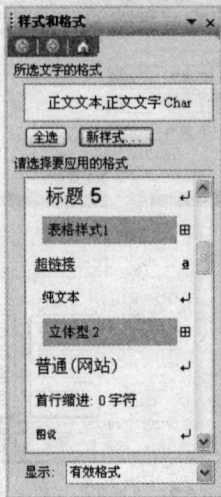

图 4.6.3　"样式和格式"任务窗格　　　　图 4.6.4　"新建样式"对话框

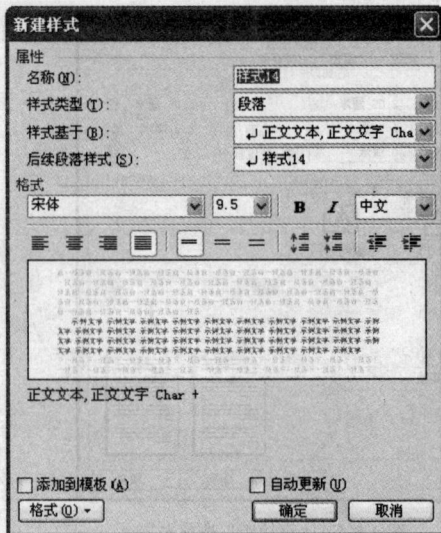

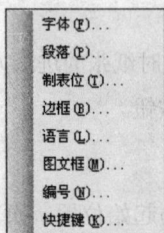

图 4.6.5　"格式"下拉菜单

（6）样式设置完成后，选中 ☑添加到模板(A) 复选框，则只要将手工格式应用于设置了此样式的任何段落，都会自动重新定义此样式。

（7）设置完成后，单击 确定 按钮。

样式在定义完成后，就可以使用已经定义好的样式，方法是在 样式和格式 ▼ 任务窗格中选中要应用的样式，或按已经定义的快捷键即可。

　　提示：如果要修改样式，可以在 样式和格式 ▼ 任务窗格中选中要修改的样式标题，在弹出的快捷菜单中选择 修改(M)... 选项，在弹出的 修改样式 对话框中可以像新建样式的方法一样进行修改。

2．使用模板

模板是对整篇文档的格式设置。在文档的模板中包括样式、页面设置等内容，甚至还包括宏命令等。如果要新建模板，可以按照以下操作步骤进行：

（1）打开已经定义好样式的普通 Word 文档。

（2）选择 文件(F) → 另存为(A)... 命令，弹出 另存为 对话框，在"文件名"文本框中输入要保存的文件名，在"保存类型"下拉列表中选择"文档模板"选项，如图 4.6.6 所示。

（3）设置完成后，单击 保存(S) 按钮即可为当前文档样式新建一个模板。

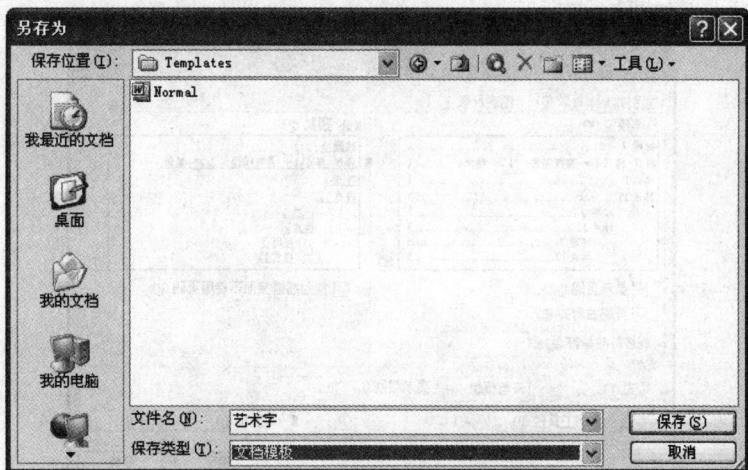

图 4.6.6　"另存为"对话框

另外，如果在应用当前模板的同时，需要应用另外一个模板的样式，可以按照以下操作步骤进行：

（1）选择 工具(T) → 模板和加载项(I)... 命令，弹出如图 4.6.7 所示的 模板和加载项 对话框。

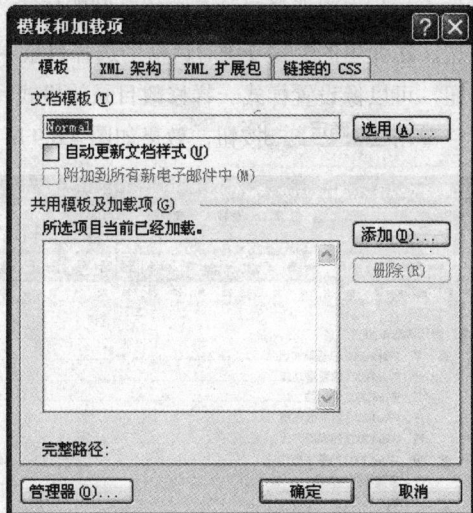

图 4.6.7　"模板和加载项"对话框

（2）在"文档模板"选区中单击 选用(A)... 单选按钮，在弹出的 选用模板 对话框中选择要应用的文档模板。

（3）选中 ☑自动更新文档样式(U) 复选框，则选用的模板会自动更新当前的文档样式。

（4）设置完成后，单击 确定 按钮，则当前文档就可以自动更新文档样式。

三、创建目录

对于一篇比较长的文章来说，给文档创建目录是非常必要的，其具体操作步骤如下：

（1）打开要创建目录的文档。

（2）选择 插入(I) → 引用(N) ▶ → 索引和目录(D)... 命令，弹出 索引和目录 对话框，

打开 目录(C) 选项卡，如图 4.6.8 所示。

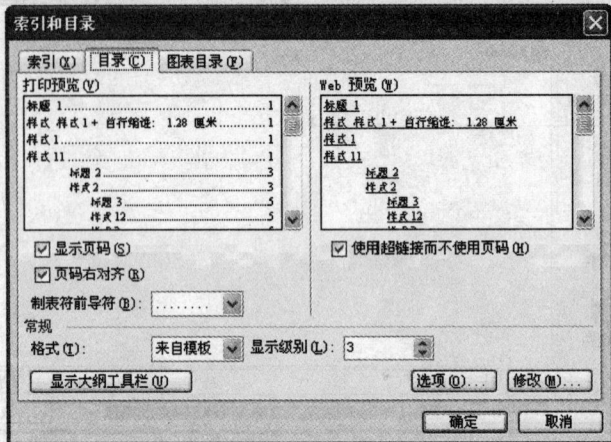

图 4.6.8 "目录"选项卡

（3）选中 ☑ 显示页码(S) 复选框，则在创建好的目录中显示页码。选中 ☑ 页码右对齐(R) 复选框，则页码会自动右对齐。

（4）在"制表符前导符"下拉列表中选择目录与页码之间的样式。

（5）单击 选项(O)... 按钮，在弹出的 目录选项 对话框中选择目录中要显示的样式级别。

（6）单击 修改(M)... 按钮，可以像设置样式一样修改目录的格式。

（7）所有的设置完成后，单击 确定 按钮，效果如图 4.6.9 所示。

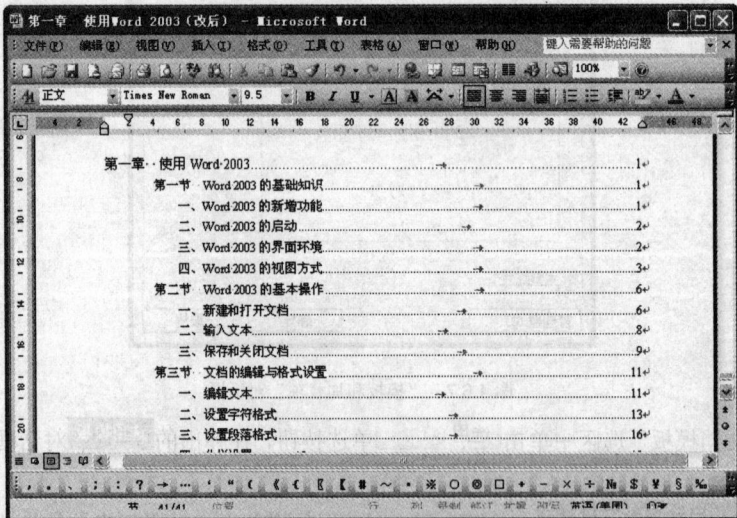

图 4.6.9 创建目录效果

四、打印文档

将 Word 文档创建完成后，最后就需要进行打印文档，同时打印也是完成 Word 文档输出的最后一步，其具体操作步骤如下：

（1）选择 文件(F) → 打印(P)... Ctrl+P 命令，弹出如图 4.6.10 所示的 打印 对话框。

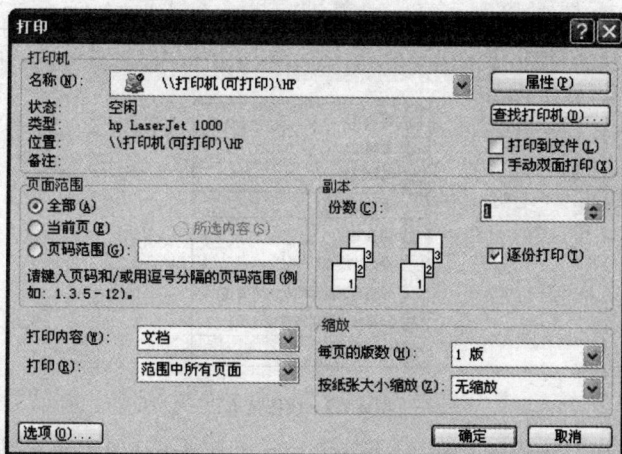

图 4.6.10　"打印"对话框

（2）在"打印机"选区中的"名称"下拉列表中选择要使用的打印机。

（3）在"页面范围"选区中指定要打印的范围，选中 **全部(A)** 单选按钮，则打印打开的全部文档。选中 **当前页(E)** 单选按钮，则只打印鼠标定位的这一页文档。选中 **页码范围(G)**：单选按钮，然后在其后的文本框中输入要打印的页码，例如要打印第一页到第三页，则可以输入"1-3"。

（4）在"副本"选区中的"份数"微调框中输入要打印的份数。

（5）所有的设置完成后，单击 **确定** 按钮。

第七节　应用举例——制作请柬

本例主要学习艺术字的插入、图片的插入、自选图形的插入、填充效果的设置等。制作一份请柬，最终效果如图 4.7.1 所示。

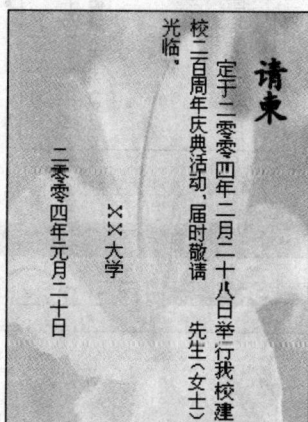

图 4.7.1　效果图

制作请柬的具体操作步骤如下：

（1）启动 Word 2003，新建一个文档。

（2）单击绘图工具栏中的"矩形"按钮 ，在文档中插入一个矩形，设置"高"和"宽"分别为"8 cm"和"6 cm"。

（3）选中矩形，单击鼠标右键，在弹出的快捷菜单中选择 添加文字(X) 命令，如图
4.7.2 所示。

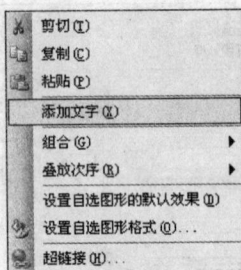

图 4.7.2　快捷菜单

（4）在文本框中输入请柬的内容，单击"常用"工具栏中的"更改文字方向"按钮，如图
4.7.3 所示。将文字设置为竖排方式，效果如图 4.7.4 所示。

图 4.7.3　"常用"工具栏

（5）选择 插入(I) → 图片(P) ▶ 艺术字(W)... 命令，弹出 艺术字库 对话框，选择
第一行最后一种艺术字样式，单击 确定 按钮，弹出 编辑"艺术字"文字 对话框如图 4.7.5 所示。输
入文字"请柬"，设置字体为"楷体"，字号为"36 磅"，单击 确定 按钮。

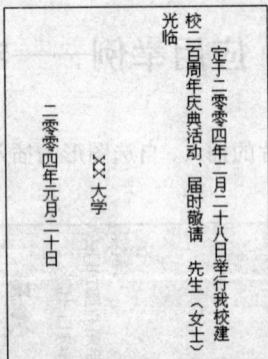

图 4.7.4　改变文字排列方向

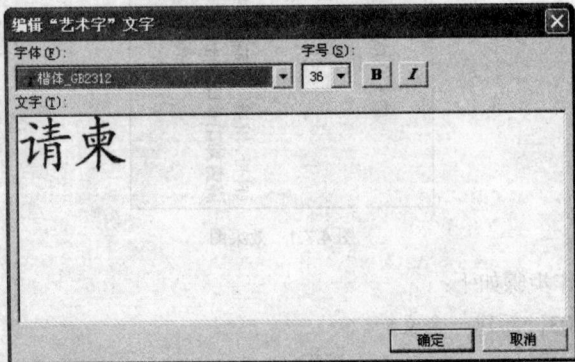

图 4.7.5　"编辑'艺术字'文字"对话框

（6）选中艺术字"请柬"，单击鼠标右键，在弹出的快捷菜单中选择 设置艺术字格式(O)… 命令，弹出 设置艺术字 对话框，如图 4.7.6 所示。选择 版式 选项卡，单击"浮于文字上方"按钮，单击 确定 按钮，调整艺术字位置，如图 4.7.7 所示。

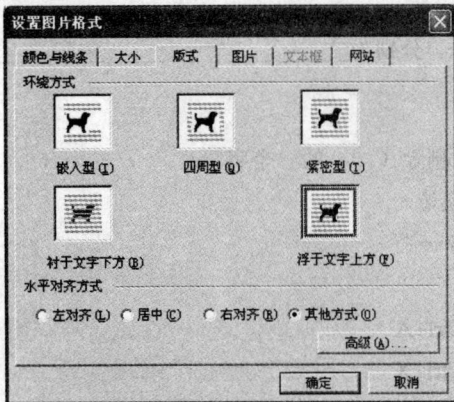

图 4.7.6　"设置艺术字格式"对话框　　　　　　　　　　图 4.7.7　调整艺术字位置

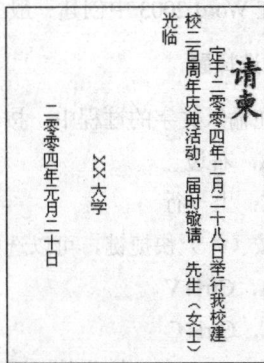

（7）选中文本框，单击"绘图"工具栏中的"填充颜色"按钮，在弹出的下拉菜单中选择 填充效果(F)… 命令，弹出 填充效果 对话框，打开 图片 选项卡，单击 选择图片(L)… 按钮，在弹出的 选择图片 对话框中选择一张背景图片，单击 插入(S) 按钮，返回到 填充效果 对话框，如图 4.7.8 所示。再单击 确定 按钮。

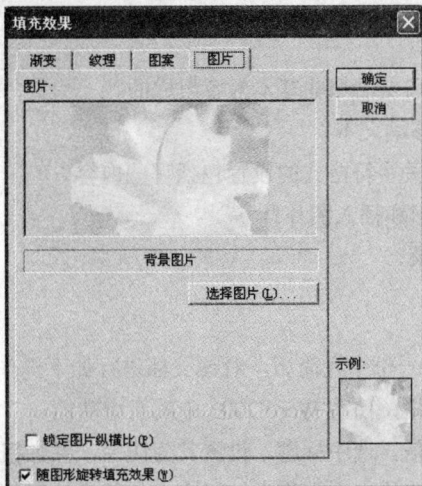

图 4.7.8　"填充效果"对话框

本例制作完成，最终效果如图 4.7.1 所示。

习题四

一、填空题

1. Word 2003 的新增功能主要有增强可读性、_____、_____和_____。

2. Word 2003 中的视图方式主要有普通视图、_____、_____、_____和_____5 种。

· 124 ·　　　　　　　新编计算机短期培训实用教程

3．新建文档的方法主要有 3 种，分别为＿＿＿＿＿＿＿、利用模板创建文档和＿＿＿＿＿＿＿。

4．在 Word 2003 中，选中文本的方法主要有＿＿＿＿＿＿＿和＿＿＿＿＿＿＿。

5．Word 2003 中的对齐方式主要有＿＿＿＿＿＿＿、＿＿＿＿＿＿＿、＿＿＿＿＿＿＿、左对齐和右对齐 5 种方式。

6．在 Word 2003 中创建一般的表格有 3 种方法，分别为＿＿＿＿＿＿＿、＿＿＿＿＿＿＿和＿＿＿＿＿＿＿。

二、选择题

1．在输入文字的过程中，按"Delete"键可以删除（　）的一个字符。

　　A．右边　　　　　　　　　　B．左边

　　C．上一行　　　　　　　　　D．下一行

2．按（　）快捷键，可以选中整个文档。

　　A．Ctrl+V　　　　　　　　　B．Ctrl+A

　　C．Ctrl+C　　　　　　　　　D．Ctrl+X

3．在 Word 2003 的几种视图方式中，可以显示整个页面的视图方式是（　）。

　　A．普通视图方式　　　　　　B．页面视图方式

　　C．大纲视图方式　　　　　　D．Web 视图方式

4．在某些情况下，排版某些文档时，还需要对文档设置字符间距，应选择（　）命令。

　　A．编辑→格式　　　　　　　B．格式→段落

　　C．编辑→段　　　　　　　　D．格式→字体

三、简答题

1．简述 Word 2003 的主窗口是由哪些基本内容组成的？

2．如何在 Word 中复制和移动文本？

3．在编辑文档过程中，有关字符格式的设置包括哪些内容？

4．如何在 Word 中绘制图形和插入图片？

5．如何在 Word 中创建目录？

四、上机操作题

新建一个 Word 文档，制作一份个人简历，对该文档进行如下操作：

（1）打开"帮助"任务窗格，熟悉 Word 2003 中的新增功能。

（2）在第一页中输入自荐信。选中标题，设置其为居中，并加粗显示。

（3）在第二页中插入一张表格，在表格中填写个人的基本情况。并根据本章中第四节的内容，设置其具体属性。

（4）制作个人简历的封皮，在封皮中可以插入一些准备好的图片。

（5）将制作好的个人简历打印出来。

第五章　中文电子表格处理软件 Excel 2003

中文 Excel 2003 是目前市场上最强大的电子表格制作软件，是办公自动化套装软件 Office 2003 中的一个重要组件。它不仅具有整齐、漂亮的外观，还可以对数据进行复杂的计算，是表格与数据的完美结合。利用它可以对表格中的数据进行分析和管理并通过图表或图形的形式表现出来。

本章重点

（1）中文 Excel 2003 简介。
（2）Excel 2003 的基本操作。
（3）公式和函数的使用。
（4）数据管理。
（5）打印工作表。
（6）应用举例。

第一节　中文 Excel 2003 简介

Excel 自 1985 年问世以来，就以其强大的功能和简捷、方便的操作被广泛应用于各个行业，而随着近十几年的发展，Excel 已在电子表格领域占据了不可忽视的地位。中文 Excel 2003 作为电子表格的最新版本，在以前的基础上又增加了许多新的功能，使其成为目前市场上最强大、最完善的电子表格软件。

一、Excel 2003 的新增功能

Excel 2003 除了具有中文版 Office 2003 的基本功能外，还新增了许多功能，主要体现在以下 5 个方面。

1. 列表功能

在 Microsoft Office Excel 2003 中，用户可在工作表中创建列表以便分组或操作相关数据。可在现有数据中创建列表或在空白区域中创建列表。将某一区域指定为列表后，用户可方便地管理和分析列表数据而个必理会列表之外的其他数据。另外，通过与 Microsoft Windows SharePoint Services 进行集成，还可与其他人员共享列表中的信息。

将指定为列表的区域采用新的用户界面和相应的功能，如图 5.1.1 所示，各功能介绍如下：

（1）默认情况下，在标题行中为列表中所有列启用自动筛选功能，从而快速筛选或排序数据。
（2）深蓝色的列表边框清晰地界定出组成列表的单元格区域。
（3）列表框架中包含有星号的行，称为插入行。在该行中输入信息自动将数据添加到列表中。
（4）可以为列表添加汇总行。单击汇总行中的单元格时，可从下拉列表中选择复合函数。
（5）拖动列表边框右下角的调整手柄，可修改列表大小。

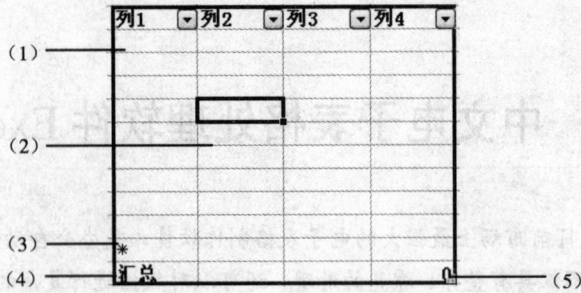

图 5.1.1　列表示意图

2. XML 支持

通过在 Microsoft Office Word 2003，Microsoft Office Excel 2003 和 Microsoft Office Access 2003 中支持工业标准的 XML，可使计算机和后端系统之间的访问和获取信息、解除信息锁定更加方便。

通过在 Excel 中支持 XML，使用以企业为中心的 XML 词汇，用户的数据可以被外部过程访问。

XML 允许用户采用以前根本不可能或非常困难的方法来组织和处理工作簿和数据。现在，通过使用 XML 架构，可以从普通商业文档中识别和提取特定的商业数据。

用户可以将自定义 XML 架构添加到任何工作簿中。然后使用"XML 源"任务窗格将单元格映射到架构元素。将 XML 元素映射到工作表后，用户可向映射的单元格中无缝导入或从中导出 XML 数据。

3. 智能文档

智能文档是一种可编程文档，通过动态响应用户的操作来扩展工作簿的功能。

有一些类型的工作簿（例如表单和模板）的功能类似于智能文档。智能文档特别适用于过程中的工作簿。例如，某公司可能存在一个填写年度员工开支报表的过程，并且已为此使用了 Microsoft Office Excel 2003 模板。如果将该模板转换为智能文档，则可连接到一个数据库，该数据库可以自动填写所需信息，例如姓名、员工编号、经理姓名等。填写完开支报表后，智能文档将显示一个按钮，可以使用该按钮将此报表发送到过程的下一步骤。由于智能文档能够识别谁是经理，它可自动将自己发送到此人。并且无论谁正在处理此文档，智能文档都能确定其在开支审阅过程中的位置以及下一步所要进行的操作。

智能文档可帮助用户重复使用现有内容。例如，会计可在创建账单结算表时使用现有样板文件。

智能文档可使信息共享更加容易。它们可与多种数据库进行交互，并使用 BizTalk 跟踪工作流程。甚至可与其他 Microsoft Office 应用程序进行交互。例如，用户可使用智能文档通过 Microsoft Outlook 发送电子邮件，而无须离开工作簿或启动 Outlook。

4. 文档工作区

使用"文档工作区"可简化在实时环境中通过 Microsoft Office Word 2003，Microsoft Office Excel 2003，Microsoft Office PowerPoint 2003 或 Microsoft Office Visio 2003 与其他人员协同创作、编辑和审阅文档的过程。"文档工作区"网站是集中保存一篇或多篇文档的 Microsoft Windows SharePoint Services 网站。人们可以很容易地同时处理文档，直接处理"文档工作区"副本或处理自己的副本，可定期将保存到"文档工作区"网站上的副本更新到本地副本中。

通常，当用户使用电子邮件将文档作为共享附件发送时，就创建了"文档工作区"。作为共享附件的发件人，用户将成为"文档工作区"的管理员，所有收件人将成为"文档工作区"的成员，他们被授予了向网站投稿的权限。创建"文档工作区"的另一常用方法是在 Microsoft Office 2003 程序中使用"共享工作区"任务窗格（"工具"菜单）。

使用 Word，Excel，PowerPoint 或 Visio 打开"文档工作区"所基于文档的本地副本时，Office 程序将定期从文档工作区获取并应用更新。如果对工作区副本所做的更改与用户对本地副本所做的更改相冲突，用户可选择要保留的副本。完成对本地副本的编辑后，则可将更改保存到"文档工作区"，从而允许其他成员将文档工作区中的这些更改合并到自己的文档副本中。

5. 并排比较工作簿

使用一张工作簿查看多名用户所做的更改非常困难，现在有一种新的比较工作簿的方法——并排比较工作簿。可使用并排比较工作簿（选择"窗口"菜单中的"并排比较"命令）更方便地查看两个工作簿之间的差异，而不必将所有更改合并到一张工作簿中。可在两个工作簿中同时滚动以确定两个工作簿之间的差异。

> 提示：如果用户对 Excel 2003 的新增功能比较感兴趣，可以通过 Excel 帮助 ▼ 任务窗格找到更多的新增功能。

二、Excel 2003 的窗口

Excel 2003 比以前版本的窗口颜色更加美观大方，更具可操作性，其窗口主要由标题栏、菜单栏、工具栏、工作表区、任务窗格、滚动条和状态栏等元素组成，如图 5.1.2 所示。

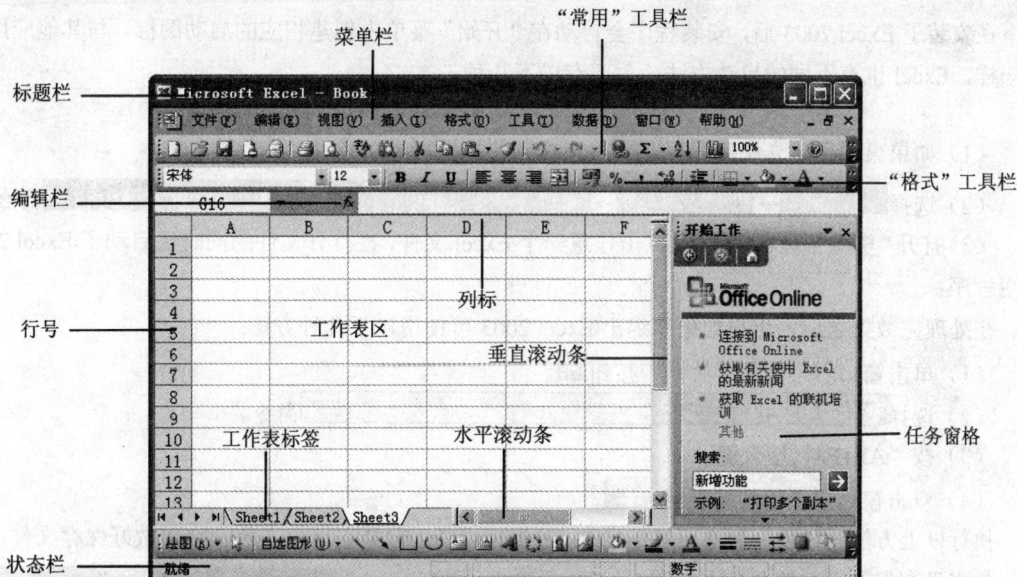

图 5.1.2　Excel 2003 窗口

（1）标题栏。标题栏位于窗口的最顶端，包含控制图标、应用程序名称和正在使用的文件名称。其右端包括"最小化"按钮，"最大化"按钮和"关闭"按钮，使用这些按钮可以对窗口进行相应的操作。

（2）菜单栏。菜单栏位于标题栏的下方，包括了 文件(F) 、 编辑(E) 、 视图(V) 、 插入(I) 、格式(O) 、 工具(T) 、 窗口(W) 和 帮助(H) 一系列菜单项，还有 Excel 所特有的 数据(D) 菜单。

（3）、工具栏。工具栏位于菜单栏的下方，实际上就是将一些比较常用的命令以按钮的形式集中在这一栏。

（4）任务窗格。任务窗格是一个很重要的工具，它把一些最常用的任务组织起来和 Excel 2003 工作表一起显示在窗口中。在任务窗格中可以创建文件、查看剪贴板内容和搜索信息，还可以进行其他的操作。

（5）状态栏。状态栏位于窗口的最底端，是用来显示当前工作区的工作状态信息。一般情况下，状态栏最左端会显示"就绪"字样，表示可以进行工作了；当要向单元格输入数据时，状态栏的最左端会显示"输入"字样，表明可以输入内容了。

（6）其他工具。除了以上常用工具之外，还有一些 Excel 工作表特有的工具，如编辑栏、工作表区、工作表标签等，这些都是 Excel 的重要组成部分。

　　1）编辑栏。编辑栏位于工具栏的下方，用来显示和编辑活动单元格中的数据或公式。

　　2）工作表区。工作表区位于编辑栏的下方，是窗口中最大的区域，用于记录数字、文字、日期、公式等数据，并对数据进行管理与分析。

　　3）工作表标签。工作表标签位于工作表区的左下端，用于显示工作表的名称。当被激活时标签以反白显示 Sheet1 ，未被激活时则显示为灰色 Sheet3 ，单击工作表标签即可在各个工作表之间切换。

三、启动和退出 Excel 2003

在安装了 Excel 2003 后，安装程序会自动在"开始"菜单中创建相应的启动图标。与其他应用程序一样，Excel 也有不同的启动方法，主要有以下几种：

（1）如果桌面已建立快捷图标 ，双击该快捷图标即可启动。

（2）选择 开始 → 所有程序(P) → Microsoft Office → Microsoft Office Excel 2003 命令。

（3）打开"资源管理器"窗口，双击任意一个 Excel 文件，在打开文件的同时也启动了 Excel 2003 应用程序。

在处理完数据之后，用户如果想退出 Excel 2003 可使用以下几种方法：

（1）单击窗口右上角的"关闭"按钮 。

（2）选择 文件(F) → 退出(X) 命令。

（3）按"Alt+F4"组合键。

（4）双击窗口左上角的控制图标 。

执行以上方法的任何一种都可以退出 Excel 2003 窗口，但是在退出之前一定要做好保存文件的工作，如果没有保存，系统会弹出如图 5.1.3 所示的提示框。

单击 是(Y) 按钮，表示保存对文件的修改；单击 否(N) 按钮，表示取消对文件的修改；单击 取消 按钮，取消本次操作。

图 5.1.3　提示框

第二节 Excel 2003 的基本操作

工作簿是工作表的集合，工作表是由多个单元格构成，要用 Excel 2003 完成各种操作，首先应该了解它的基本操作，这样才能运用自如。本节主要介绍对工作簿、工作表和单元格的操作。

一、工作簿

Excel 的数据和图表都是以工作表形式保存在工作簿文件中的，即工作簿是由一个或多个工作表组成的（默认情况下，一个工作簿包含 3 个工作表），并且最多可以包含 255 个工作表。通常所说的保存、打开、关闭等操作都是对工作簿而言的。

1. 创建工作簿

如果没有工作簿，对工作表进行操作也就无从谈起了，因此对工作表进行操作，第一步就要建立工作簿。创建工作簿的方法有两种：创建空白工作簿和根据模板新建。

（1）创建空白工作簿。创建空白工作簿的方法有以下几种：

1）在"常用"工具栏中单击"新建"按钮 ▯。

2）选择 文件(F) → ▯ 新建(N)... Ctrl+N 命令，打开 **新建工作簿** ▼ 任务窗格，如图 5.2.1 所示，在此任务窗格中单击 ▯ 空白工作簿 超链接即可。

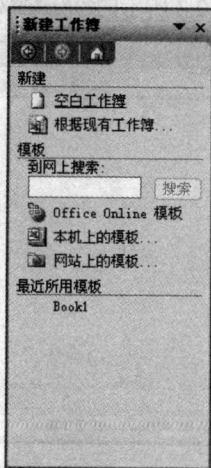

图 5.2.1 "新建工作簿"任务窗格

3）按"Ctrl+N"快捷键。

（2）根据模板创建工作簿，具体操作步骤如下：

1）单击 **新建工作簿** ▼ 任务窗格中的 ▣ 本机上的模板... 超链接，弹出如图 5.2.2 所示的 模板 对话框。

2）在 模板 对话框中有 常用 和 电子方案表格 两个选项卡，常用 一般为创建空白工作表，电子方案表格 一般为创建一些常用的报表，如报价单、个人预算表、抽奖器、考勤记录等。用户可根据自己的需要选择一种模板。

3）如打开 电子方案表格 选项卡，选中 考勤记录 选项，单击 确定 按钮即可。

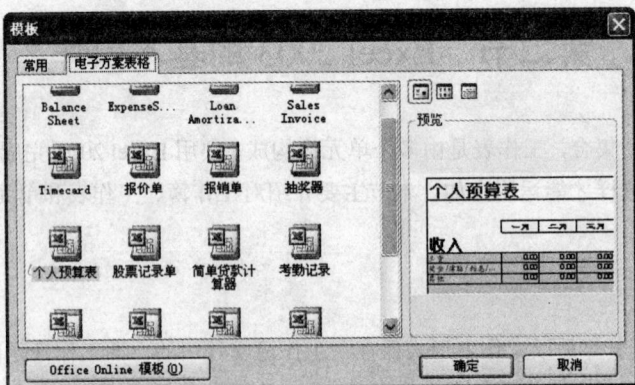

图 5.2.2　"模板"对话框

2. 保存工作簿

为了避免因突然断电或死机造成的数据丢失，随时保存文件是很重要的。因此在操作过程中要经常对文件进行保存，以保证文件和数据的完整。

（1）第一次保存文件。Excel 2003 提供了多种保存工作簿的方法，主要有以下几种：

1）单击"常用"工具栏中的"保存"按钮 。

2）按"Ctrl+S"快捷键。

3）选择 文件(F) → 保存(S)　　Ctrl+S 命令。

执行以上操作之后，都将弹出如图 5.2.3 所示的 另存为 对话框。

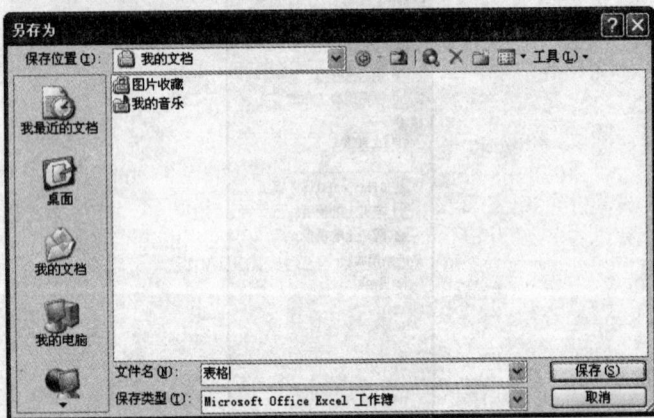

图 5.2.3　"另存为"对话框

在该对话框中的"保存位置"下拉列表中选择要保存的位置，在"文件名"列表框中输入保存文件的名称，在"保存类型"下拉列表中选择保存类型。单击 保存(S) 按钮，即可保存到指定位置。

> 提示：如果文件已经保存过，再执行以上保存命令操作时不再弹出 另存为 对话框。

（2）自动保存。在对工作簿进行操作的过程中不断进行保存操作显得比较麻烦，Excel 2003 提供的自动保存功能可以使此操作变得简单。具体操作步骤如下：

1）选择 工具(T) → 选项(O)... 命令，弹出 选项 对话框。

2）打开 保存 选项卡，如图 5.2.4 所示。

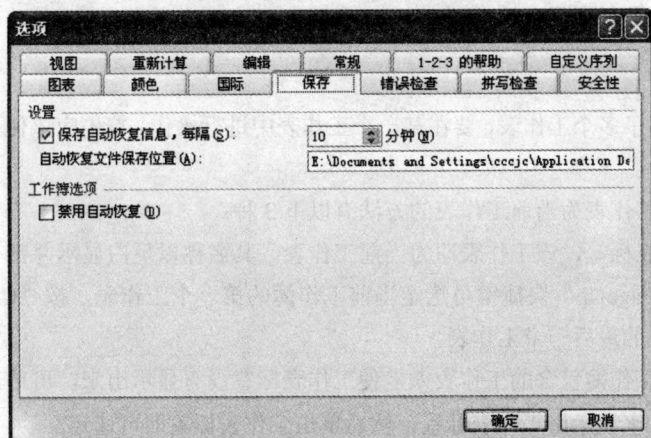

图 5.2.4　"保存"选项卡

3）在"设置"选区中选中 ☑ 保存自动恢复信息，每隔(S)：复选框，在 [10   ] 分钟(N)微调框中输入时间，系统默认为"10"分钟。设置完成后，单击 [　确定　] 按钮即可。

3. 打开工作簿

要对以前保存的文件进行操作，首先要打开工作簿。打开工作簿的操作非常简单，主要有以下几种方法：

（1）选择 [文件(F)] → [📂 打开(O)…　　　　　　　　　　Ctrl+O] 命令。

（2）单击"常用"工具栏中的"打开"按钮 📂。

（3）按"Ctrl+O"快捷键。

执行以上操作后都将弹出如图 5.2.5 所示的 [打开] 对话框。

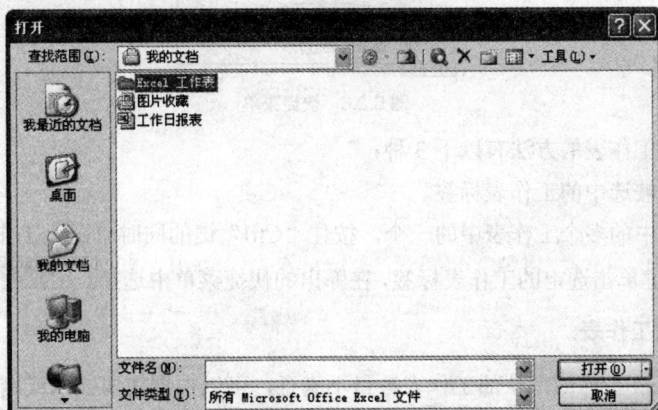

图 5.2.5　"打开"对话框

在"查找范围"下拉列表中选择文件所在的文件夹，在"文件名"列表框中输入文件名称，在"文件类型"下拉列表中选择文件类型。设置完成后单击 [打开(O) ▾] 按钮即可。

二、工作表

工作表又称电子表格，是由多个单元格构成的。在利用 Excel 进行数据处理的过程中，需要对工作表进行适当的处理，如插入工作表、删除工作表、复制工作表等。要熟练使用 Excel 制作表格，学会对工作表进行操作是必不可少的。

1. 选定工作表

一个工作簿包括了多个工作表，要在某一个工作表中进行操作，首先应该使该工作表成为当前工作表。

（1）选定一个工作表为当前工作表的方法有以下 3 种：

1）单击工作表标签，该工作表即为当前工作表，其名称以反白显示并带有下划线。

2）按"Ctrl+PageUp"快捷键可选定当前工作簿的第一个工作表，按"Ctrl+PageDown"快捷键可选定当前工作簿的最后一个工作表。

3）如果因为工作簿包含的工作表太多使工作表标签没有显示出来，可单击工作表标签滚动按钮、、和来显示出工作表标签，然后单击工作表标签即可选定。

（2）选定多个工作表的方法有以下 3 种：

1）选定不相邻的工作表。单击第一个工作表标签，按住"Ctrl"键的同时再单击要选择的其他工作表标签。

2）选定相邻的工作表。单击第一个工作表标签，按住"Shift"键的同时再单击要选择的最后一个工作表标签。

3）选定工作簿中所有工作表。用鼠标右键单击工作表标签，在弹出如图 5.2.6 所示的快捷菜单中选择 选定全部工作表(S) 命令。

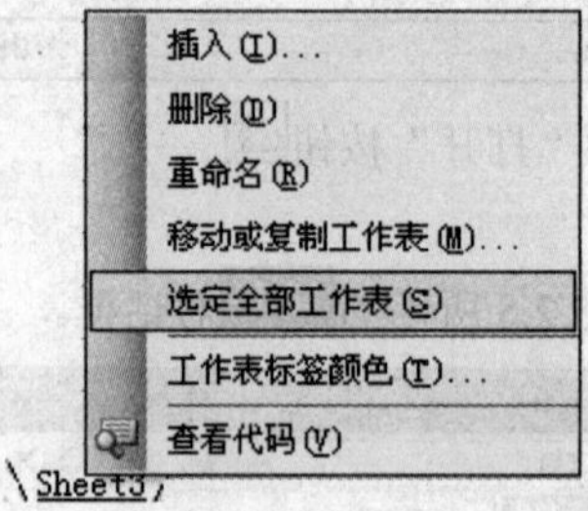

插入(I)...
删除(D)
重命名(R)
移动或复制工作表(M)...
选定全部工作表(S)
工作表标签颜色(T)...
查看代码(V)

Sheet3

图 5.2.6　快捷菜单

（3）取消选定工作表的方法有以下 3 种：

1）单击没有被选中的工作表标签。

2）要取消选中的多个工作表中的一个，按住"Ctrl"键的同时单击该工作表标签。

3）用鼠标右键单击选定的工作表标签，在弹出的快捷菜单中选择 取消成组工作表(U) 命令。

2. 插入和删除工作表

如果用户对 Excel 工作簿默认的工作表数量不满意，可以根据需要插入或删除工作表。

（1）插入工作表。如果用户认为默认的工作表太少，可以插入新工作表。其具体操作步骤如下：

1）选定插入新工作表的位置。

2）选择 插入(I) → 工作表(W) 命令，即可插入一个默认名为"Sheet4"的工作表，同时该工作表成为当前工作表。

提示：新插入的工作表将插入到当前工作表的前面。

（2）删除工作表。如果用户觉得不再需要某个工作表或者当前工作簿中包含的工作表数量太多，可在工作簿中删除工作表。其具体操作步骤如下。

1）选定要删除的工作表。

2）选择 `编辑(E)` → `删除工作表(L)` 命令，即可删除工作表。

> 提示：删除工作表还可以单击要删除工作表的标签，在弹出的快捷菜单中选择 `删除(D)` 命令，即可删除该工作表。

3. 重命名工作表

Excel 2003 在新建一个工作簿时默认的工作表名称为"Sheet1"，"Sheet2"…这样的名称没有任何意义也不利于对工作表的管理。所以用户可以对工作表进行重新命名。

重命名工作表的具体操作步骤如下：

（1）选定要重命名的工作表标签，选定的工作标签以反白显示，如图 5.2.7 所示。

`\ Sheet1 / Sheet2 \ Sheet3 /`

图 5.2.7　选定工作表标签

（2）选择 `格式(O)` → `工作表(H)` ▶ → `重命名(R)` 命令，在其中输入新的工作表名称，然后单击其他工作表标签或者按回车键即可完成重命名操作，如图 5.2.8 所示。

`\ Sheet1 / Sheet2 \ 课程表 /`

图 5.2.8　重命名工作表

> 注意：重命名工作表也可以双击要重命名的工作表标签，标签为反白显示时输入新名称即可。

4. 移动和复制工作表

在 Excel 2003 中对数据进行处理时，有时需要把相同的数据放在同一个工作表中，这时就需要在工作簿内或工作簿之间进行移动和复制工作表操作。

（1）在工作簿之间移动和复制工作表的具体操作步骤如下：

1）打开要接受工作表的目标工作簿。

2）切换至包含要移动或复制的工作表的源工作簿中，选定工作表。

3）选择 `编辑(E)` → `移动或复制工作表(M)...` 命令，弹出如图 5.2.9 所示的 `移动或复制工作表` 对话框。

图 5.2.9　"移动或复制工作表"对话框

4）在"工作簿"下拉列表中选定目标工作簿名称；在"下列选定工作表之前"列表框中选择要在其前面插入工作表的工作表名称。

5）如果是复制必须选中 ☑建立副本(C) 复选框；如果是移动则不需要选中。

6）单击 确定 按钮即可。

> 提示：用鼠标右键单击工作表标签，在弹出的快捷菜单中选择 移动或复制工作表(M)... 命令也可实现相同的功能。

（2）在工作簿内移动和复制工作表。

1）移动工作表。单击要移动的工作表标签，按住鼠标左键不放，拖到要放置的位置释放鼠标即可。

2）复制工作表。单击要复制的工作表标签，按住"Ctrl"键的同时拖动鼠标，拖到要放置的位置同时释放鼠标即可。

5．保护工作表

设置保护工作表就是阻止对工作表数据的访问和修改。Excel 2003 提供了多种方式来保护工作表。利用这些方式可以防止他人添加或删除工作表中的数据或者查看隐藏的工作表。

设置保护工作表的具体操作步骤如下：

（1）打开要设置保护的工作表。

（2）选择 工具(T) → 保护(P) ▶ 🔒 保护工作表(P)... 命令，弹出如图 5.2.10 所示的 保护工作表 对话框。

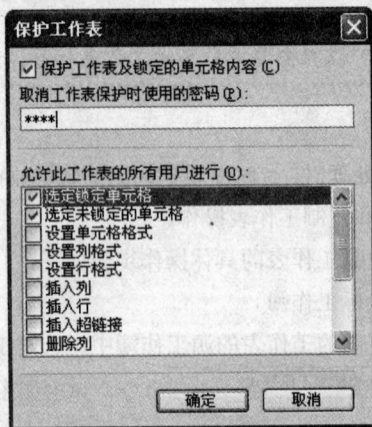

图 5.2.10　"保护工作表"对话框

（3）在该对话框中选择要保护的选项，在"取消工作表保护时使用的密码"文本框中输入密码，密码显示为星号。

（4）单击 确定 按钮，弹出如图 5.2.11 所示的 确认密码 对话框。

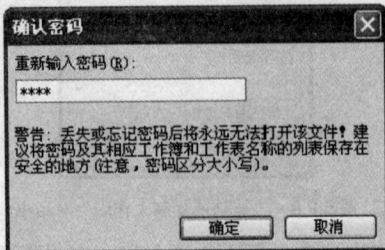

图 5.2.11　"确认密码"对话框

（5）再次输入密码，单击 ▢确定▢ 按钮即可完成设置。

注意：设置了保护工作表之后，要对工作表进行修改时，必须撤消对工作表的保护，选择 ▢工具(T)▢ → ▢ 保护(P) ▶▢ → ▢撤消工作表保护(P)...▢ 命令，在弹出的对话框中输入密码即可撤消保护。

三、输入数据

Excel 的主要功能就是对数据进行管理和分析，所以在工作表中首先要做的是输入数据、公式等。在 Excel 2003 工作表中输入的数据类型有两种：常量和公式。常量：指不会自动变更的数据，如日期、时间、数字、文本等。公式：指对输入数值进行计算的一种操作，随着公式的改变，相应的结果会自动改变。

在输入数据之前最重要的是选定单元格，因为所有的数据都必须在单元格中进行处理。

1. 选定单元格

单元格是工作表最基本的单位。在工作表中，纵向的称为列，用字母 A~IV 表示，共 256 列；横向的称为行，用数字 1~65 536 表示，共 65 536 行。单元格位置用列标和行号来表示。

在对单元格进行编辑和修改之前，必须先选中单元格。选中的多个单元格称之为单元格区域。

（1）选定一个单元格，具体操作步骤如下：

1）用鼠标指向待选定的单元格。

2）单击鼠标左键即可选定。

（2）选定连续单元格区域，具体操作步骤如下：

1）用鼠标单击要选定单元格区域左上角的单元格。

2）按住"Shift"键的同时，单击要选定单元格区域右下角的最后一个单元格即可选定。

（3）选定不连续的单元格区域，具体操作步骤如下：

1）用鼠标单击要选定的单元格。

2）按住"Ctrl"键的同时再单击其他的单元格即可选定。

（4）选定整个工作表。如果用户要选定整个工作表，可以单击工作表中第一行和第一列左上角的单元格即可选定。

提示：要取消选定的单元格或单元格区域，在工作表中单击任意一个未被选定的单元格即可取消。

2. 输入文本

在 Excel 中文本可以是数字、汉字、英文字母、特殊符号、空格以及其他能从键盘输入的符号及其组合。例如 11B，52AY 和 20 145 等，都被视为文本。

一个单元格最多可以包含 32 767 个字符，而且最多可以显示 1 024 个字符。默认状态下，单元格中的文本是左对齐。

在工作表中输入文本的具体操作步骤如下：

（1）选定要输入文本的单元格，如选定"A3"。

（2）然后在单元格中输入文本内容，如"高三年级"。

（3）输入完毕后，单击任意一个单元格或按任意方向键即可确认输入的文本，效果如图 5.2.12 所示。

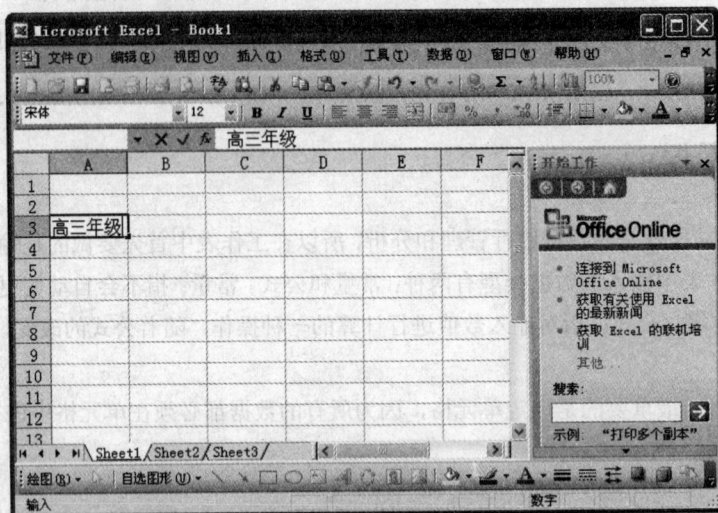

图 5.2.12　在单元格中输入文本

　　提示：如果输入的是数字，则要在输入的数字前加上一个单引号，单引号只是作为文本标识符，输入完成后并不在单元格中显示。

3. 输入数字

在 Excel 2003 中数字是非常重要的文本，除了包括 0～9 这几个数字之外，还包括了以下的符号：正号"＋"、负号"－"、圆括号"（）"、千位分隔符"'"、分数号"/"、百分号"%"、货币符号"￥"等。在单元格中输入数字时不需要输入符号，可以进行预先设置，使工作表自动添加相应的符号。数字的输入方法和文本一样，选定单元格输入内容即可，但是要注意一些特殊数字的输入。

（1）输入分数。输入分数时，分式用斜杠"/"来划分分子和分母，格式为"分子/分母"。在输入分数时，必须在分数前输入"0"，并且"0"和分数之间用一个空格隔开。例如，分数"4/5"，就输入为"0 4/5"。

在 Excel 中输入日期时也以"/"区分，如"2005 年 1 月 19 日"可表示为"2005/1/19"。所以为了区分日期和分数，在分数前一定要加"0"。

（2）输入负数。在输入负数时，要在负数前加上"－"号或者将负数放在圆括号"（）"中，如要输出"－4"，则输入为"（4）"。

4. 输入日期和时间

在 Excel 2003 中输入的数字如果符合系统识别格式，单元格格式就会自动将该数字转化为"日期"或者"时间"格式。默认情况下日期在单元格中是右对齐的方式，时间是按 24 小时的方式输入的。如果要以 12 小时制方式输入时间，就要在输入的时间后输入一个空格并且输入"AM"或"PM"。

设置日期和时间类型数据显示方式的具体操作步骤如下：

（1）选定包含日期的单元格。

（2）选择 格式(O) → 单元格(E)... Ctrl+1 命令，弹出 单元格格式 对话框。

（3）打开 数字 选项卡，在"分类"列表框中选择"日期"选项，如图 5.2.13 所示。

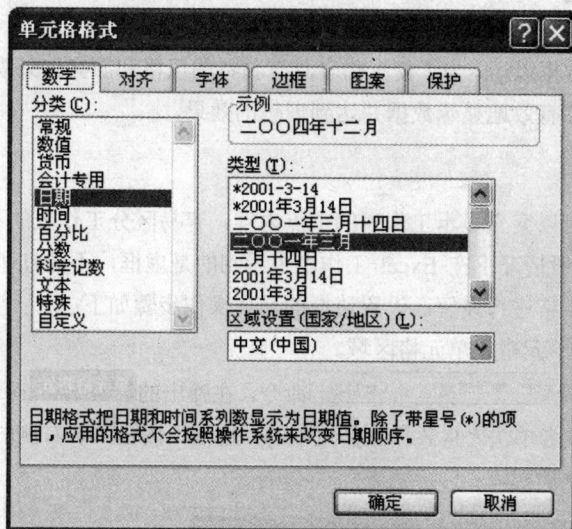

图 5.2.13　"数字"选项卡

（4）在"类型"列表框中选择一种日期显示类型。

（5）单击 确定 按钮，即可完成设置。

> 提示：（1）设置时间的显示类型和设置日期操作相同，只是要在"分类"列表框中选择"时间"选项。
>
> （2）在同一单元格中输入日期和时间，需要在日期和时间之间加上一个空格。

5．移动和复制单元格数据

在 Excel 中可以对工作表中的数据进行复制和移动，不但可以复制整个单元格，还可以对选定的内容进行复制。

移动和复制单元格数据的具体操作步骤如下：

（1）选定要复制数据所在的单元格或单元格区域。

（2）选择 编辑(E) → 复制(C)　　Ctrl+C 或 剪切(T)　　Ctrl+X 命令。

（3）将光标定位在要放置单元格数据的位置，选择 编辑(E) → 粘贴(P)　　Ctrl+V 命令，即可将单元格数据复制或移动到指定的位置。

> 注意：复制单元格数据还可以选定要复制的区域，按"Ctrl+C"快捷键，再选定要放置的位置，按"Ctrl+V"快捷键，即可完成复制。

6．删除单元格数据

如果用户在输入数据时发生错误，可以很方便地对其进行删除，其方法为选中单元格或单元格区域后，按"Delete"键即可。

四、美化工作表

在工作表中输入完数据以后，为了使工作表具有独特的风格和漂亮的外观，还需要对工作表做进一步的设置，这样才能够有效地显示数据并达到理想的效果。

1. 设置边框和底纹

使用边框和底纹，可以突出显示工作表的重点内容，容易区分工作表的不同部分和方便阅读。

（1）设置边框。一般情况下在 Excel 工作表中看到的是虚框，不能打印出来。如果要将其打印出来就需要用户自己对表格进行设置。设置边框的具体操作步骤如下：

1）选定要设置的单元格或单元格区域。

2）选择 格式(O) → 单元格(E)... Ctrl+1 命令，在弹出的 单元格格式 对话框中打开 边框 选项卡，如图 5.2.14 所示，或者单击"格式"工具栏中的"边框"按钮 右侧的下三角按钮，弹出边框下拉列表，如图 5.2.15 所示。

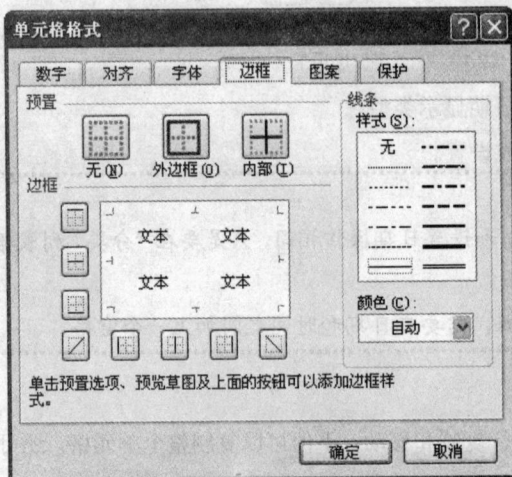

图 5.2.14　"边框"选项卡　　　　　　图 5.2.15　"边框"下拉列表

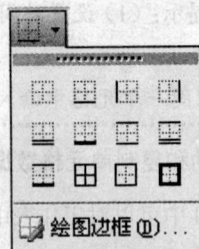

3）如果只是简单的设置可直接在"边框"下拉列表中选择所需的边框线。

4）如果用户需要更多的设置选项，则在 边框 选项卡中进行设置。在"预置"区域，可设置边框属性。在"边框"选区中显示了各种边框设置时的预览显示效果，可单击相应按钮进行设置。在"线条"选项区域，提供了 13 种线条样式供用户选择。在"颜色"下拉列表中有"自动"和另外 56 种颜色供用户选择。

5）单击 确定 按钮，即可完成边框设置。

（2）设置底纹。底纹和边框一样都可突出显示工作表的内容，使工作表外观更加美观大方。设置底纹的具体操作步骤如下。

1）选定要设置底纹的单元格或单元格区域。

2）选择 格式(O) → 单元格(E)... Ctrl+1 命令，在弹出的 单元格格式 对话框中打开 图案 选项卡，如图 5.2.16 所示。

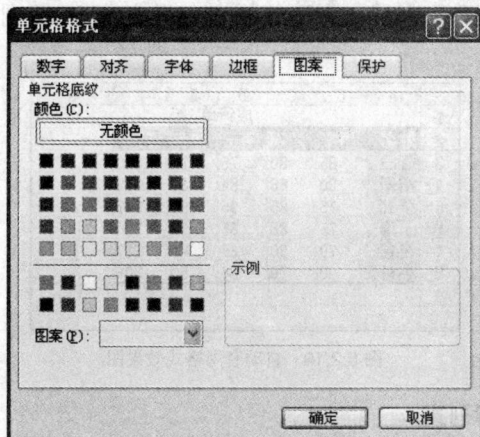

图 5.2.16 "图案"选项卡

3）在"单元格底纹"选项组中的"颜色"列表框中选择所需的颜色。

4）在"图案"下拉列表中选择所需的图案样式和颜色。

5）所有设置完成后，单击 确定 按钮即可。

2. 表格自动套用格式

自动套用格式是指把系统自带的格式应用于用户指定的工作表。Excel 2003 提供的精美样式可以让用户很轻松地应用到工作表中，而且可以使工作表保持统一的外观和风格。

设置自动套用格式的具体操作步骤如下：

（1）打开工作表，选定要应用自动套用格式的单元格区域，如图 5.2.17 所示。

图 5.2.17 选定单元格区域

（2）选择 格式(O) → 自动套用格式(A)... 命令，弹出如图 5.2.18 所示的 自动套用格式 对话框。

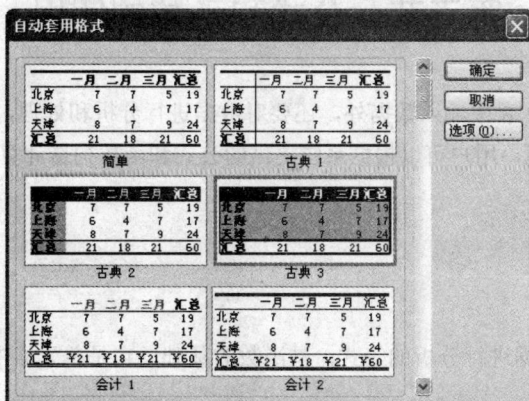

图 5.2.18 "自动套用格式"对话框

（3）选择一种需要的样式，单击 确定 按钮，样式即可应用到所选的单元格区域，效果如图 5.2.19 所示。

	A	B	C	D	E	F	G
1	成绩单						
2	姓名	语文	数学	英语	体育	总分	
3	张三	85	80	75	70	310	
4	浩南	80	68	84	80	312	
5	李湘	75	85	95	82	337	
6	王南	75	85	65	95	320	
7	童童	70	80	65	72	287	
8	小林	90	70	86	60	306	
9							
10							

图 5.2.19　自动套用格式效果图

3. 调整工作表的行高和列宽

默认状态下，工作表的行高和列宽都是一样的，但是有时输入的文字和数据较长时就只能显示一半，有时还会出现一串“#”符号，这都是因为行高或列宽不够造成的，所以用户可根据需要对工作表的行高和列宽进行调整。

（1）调整行高。Excel 默认的行高都是相同的，要调整行高实际上是调整这个单元格所在行的行高，并且会随着输入单元格的字体而自动变化的。

将鼠标指向某一行的上框线或下框线，当鼠标指针变为↕形状时，拖动鼠标指针上下移动，直到合适的高度释放鼠标即可。要调整到精确的高度具体操作步骤如下：

1）在工作表中选定要调整行高的那一行中的任意一个单元格。

2）选择 格式(O) → 行(R) ▸ → 最适合的行高(A) 命令，系统会自动根据字体大小进行行高调整。

（2）调整列宽。工作表中的列宽是不会随着数据长度而改变的，所以就需要用户自己动手设置。

将鼠标指向某列列标的右框线，当鼠标指针变为↔形状时，向右拖动鼠标，直到合适的列宽，释放鼠标即可。要调整到精确的列宽的具体操作步骤如下。

1）在工作表中选定要调整列宽的那一列中的任意一个单元格。

2）选择 格式(O) → 列(C) ▸ → 最适合的列宽(A) 命令，系统会自动调整列宽到合适的宽度。

第三节　公式和函数的使用

在 Excel 中除了在工作表中输入数据外，还要对数据进行分析和处理，并把结果反映在表格中。Excel 提供了各种计算功能，用户可以根据系统提供的公式和函数构造计算公式，系统将会自动进行计算。

一、公式的使用

公式是对单元格的数据进行分析的等式，是函数的基础，它是单元格中一系列值、单元格引用、名称或运算符的组合。

1. 输入公式

Excel 最强大的功能就是计算功能，用户在单元格中输入正确的公式，经过简单操作，计算的结果就会显示在单元格中，如果工作表数据有变化，系统也会自动将变动的答案算出。在工作表中所有公式都是以等号 "=" 开始。如果在单元格中输入 "="，提示系统会将其作为一个公式保存。

输入公式的具体操作步骤如下：

（1）单击要输入公式的单元格 E2。

（2）输入等号 "="。

（3）输入公式内容，如输入 "A2+B2+D2"，如图 5.3.1 所示。

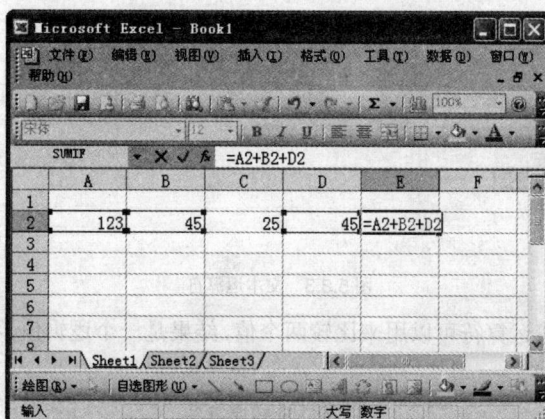

图 5.3.1　输入公式

（4）输入完毕后，按回车键或单击编辑栏中的 "输入" 按钮 ✓，即可在单元格中显示出计算结果，如图 5.3.2 所示。

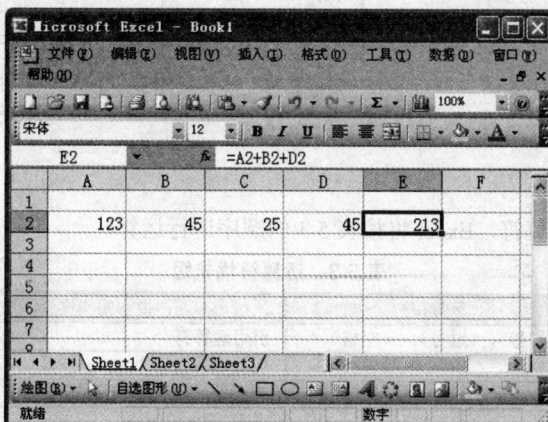

图 5.3.2　显示计算结果

2. 使用运算符

运算符是对公式中的元素进行特定类型的运算。Excel 2003 包含 4 种类型的运算符：算述运算符、文本运算符、比较运算符和引用运算符。

（1）算术运算符。要完成简单的数学运算，如加法、减法和乘法，可使用如表 5.1 所示的算术运算符。

表 5.1 算术运算符

算术运算符	含 义	示 例
＋（加号）	加	1+2
－ （减号）	减或负号	3-1 或-2
＊（乘号）	乘	3*2
／（正斜线）	除	1/2
％（百分号）	百分比	50%
＾（脱字符）	乘方	2^3

（2）文本运算符是利用"&"符号把一个或多个文本字符连接起来而形成一个新的文本。如"A2"单元格中文本内容为"陕西"，"A3"单元格中文本内容为"西安"。在 A4 单元格中利用文本运算符公式输入"=A2&A3"，其值为"陕西西安"，如图 5.3.3 所示。

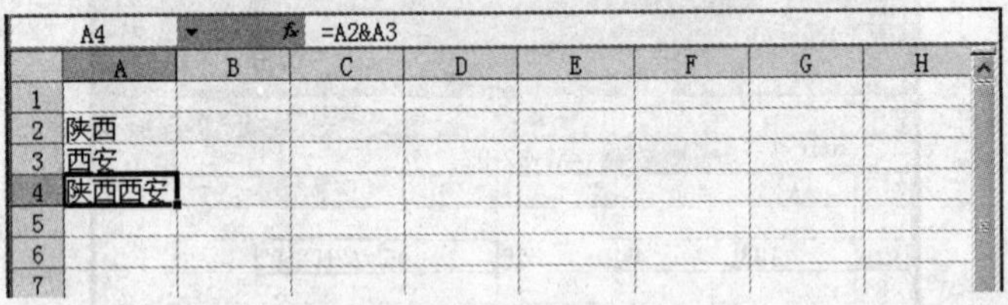

图 5.3.3 文本运算符

（3）比较运算符。比较运算符可以用来比较两个值，结果是一个逻辑值，不是 TRUE 就是 FALSE。如表 5.2 所示为比较运算符。

表 5.2 比较运算符

比较运算符	含 义	示 例
＝（等号）	等于	B2=C2
＞（大于号）	大于	B2>C2
＜（小于号）	小于	B2<C2
＞＝（大于等于号）	大于等于	B2>=C2
＜＝（小于等于号）	小于等于	B2<=C2
＜＞（不等号）	不等于	B2<>C2

3．运算符优先级

如果公式中有多个运算符，Excel 将按表 5.3 的顺序进行运算。

表 5.3 运算符优先级

运算符	说 明
：（冒号），（逗号）　（空格）	引用运算符
－	负号
％	百分号
＾	乘方
＊和／	乘和除
＋和－	加和减
&	文本运算符
=, >, <, >=, <=, <>	比较运算符

二、函数的使用

函数是一些预定义的公式，它们使用一些称为参数的特定数值按特定的顺序或结构进行计算。与运用公式进行计算相比，使用函数进行计算的速度更快，而且能够降低错误率。

1. 插入函数

在工作表中可以插入需要的函数,并可显示函数的名称、参数、功能和参数描述及整个公式结果。

(1)直接输入函数。用户在使用函数时,如果对函数十分熟悉,就可以直接输入。例如求 AVERAGE（A1:A7）,即求 A 列第 1 行到第 7 行的平均值,只需要在 AVERAGE（）函数中输入参数"A1:A7"即可。

(2)插入函数。在单元格中插入函数的具体操作步骤如下:

1)选定要插入函数的单元格区域,选择 插入(I) → fx 函数(F)... 命令,弹出如图 5.3.4 所示的 插入函数 对话框。

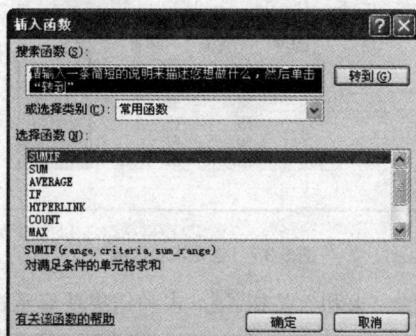

图 5.3.4 "插入函数"对话框

2)在"搜索函数"文本框中输入一条简短的说明,然后单击 转到(G) 按钮。在"选择函数"列表框中出现相应的函数,如图 5.3.5 所示。

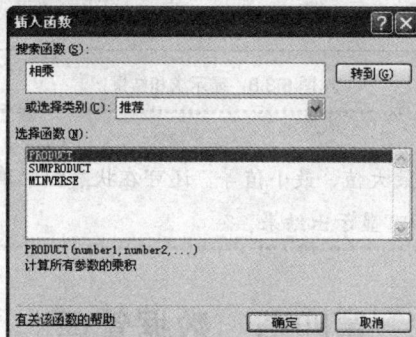

图 5.3.5 选择函数

3)在"选择函数"列表框中选择需要的函数,单击 确定 按钮,弹出如图 5.3.6 所示的 函数参数 对话框。

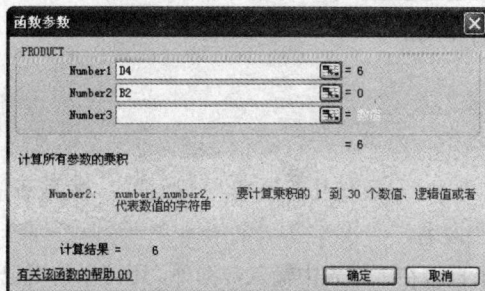

图 5.3.6 "函数参数"对话框

4）在“Number1”，“Number2”和“Number3”文本框中输入函数参数。

5）单击 确定 按钮，完成函数输入，在选定的单元格中会显示出函数的结果。

2．自动求和

一般表格中的计算主要是求和、求平均值、求最大值和最小值等一些基本的运算，这些功能在“常用”工具栏中都有快捷按钮，可以利用它们进行快捷、准确的计算。

下面以“成绩单”为例，介绍使用快捷按钮计算，具体操作步骤如下：

（1）选定“成绩单”中“总分”列，如图 5.3.7 所示。

	A	B	C	D	E	F	G
1				成绩单			
2	姓名	语文	数学	英语	体育	总分	
3	张三	85	80	75	70		
4	浩南	80	68	84	80		
5	李湘	75	85	95	82		
6	王南	75	85	65	95		
7	童童	70	80	65	72		
8	小林	90	70	86	60		
9							
10							

图 5.3.7　选定求和区域

（2）单击“常用”工具栏的“求和”按钮 Σ，求和结果就显示在单元格中，如图 5.3.8 所示。

	A	B	C	D	E	F	G
1				成绩单			
2	姓名	语文	数学	英语	体育	总分	
3	张三	85	80	75	70	310	
4	浩南	80	68	84	80	312	
5	李湘	75	85	95	82	337	
6	王南	75	85	65	95	320	
7	童童	70	80	65	72	287	
8	小林	90	70	86	60	306	
9							

图 5.3.8　显示求和结果

提示：要求平均值、最大值、最小值等，还可在状态栏中单击右键，在弹出的快捷菜单中选择所需用的命令，在状态栏即可显示出结果。

第四节　数据管理

Excel 2003 在数据管理方面具有强大的功能，不仅能够通过记录单来增加和移动数据，还可以对清单进行各种数据处理。并且通过创建图表，可以对工作表进行图文并茂的说明，这些操作的完成对工作表的管理和分析都是很有帮助的。

一、数据清单

Excel 对数据清单进行管理时，一般把其看做是一个数据库。数据清单中的每一行称为一个记录，数据清单中的栏目名称叫做字段名。

在创建数据清单时，除了直接在工作表中输入数据外，还可以使用记录单完成数据清单的创建和编辑。在工作表中创建数据清单的具体操作步骤如下。

（1）新建一个工作表。

（2）在工作表的第一行输入列标题，如图 5.4.1 所示。

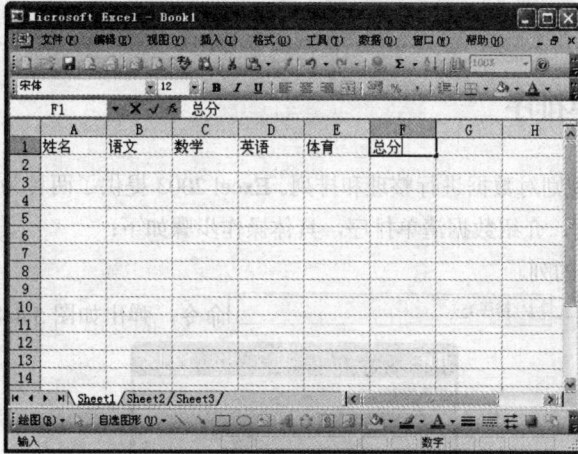

图 5.4.1　输入列标题

（3）选择 数据(D) → 记录单(O)... 命令，弹出如图 5.4.2 所示的 Sheet1 对话框。

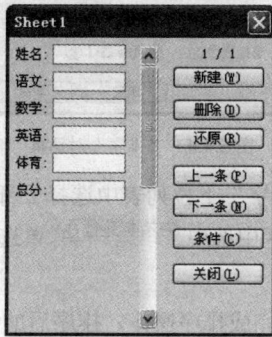

图 5.4.2　"Sheet1" 对话框

（4）单击 新建(W) 按钮，然后在相应的文本框中输入内容，每输完一个单元格的内容，按 "Tab" 键自动切换到下一个文本框，如果向上一格移动则按 "Enter+Tab" 快捷键，输完内容后，按回车键确认，即可将记录单中的内容添加到工作表中，然后可继续输入。

（5）输入完成后，单击 关闭(L) 按钮，即可完成创建数据清单，效果如图 5.4.3 所示。

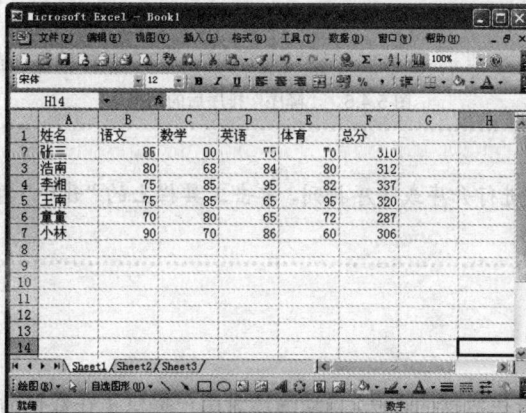

图 5.4.3　数据清单

> 注意：在创建数据清单时，不能在一个工作表中建立多个数据清单，而且清单中不能有空白的行或列，并且不要把重要数据放在左右两侧。

二、对数据清单排序

排序是指按一定的规则对数据进行整理和排列。Excel 2003 提供了两种为数据清单简单排序的方法，以"成绩表 1"为例，介绍数据清单排序，具体操作步骤如下：

（1）选择需要排序的列。

（2）选择 数据(D) → 排序(S)... 命令，弹出如图 5.4.4 所示的 排序 对话框。

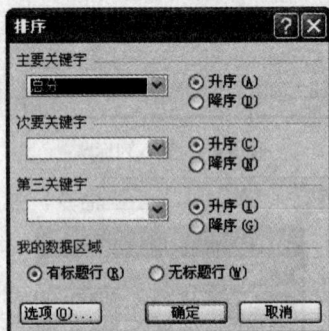

图 5.4.4　"排序"对话框

（3）在该对话框中的"主要关键字"下拉列表中选择"部分"选项，并选中右侧的 ⊙ 降序(D) 单选按钮，然后在"我的数据区域"选区中选中 ⊙ 有标题行(R) 单选按钮，排序时就会保留字段名称，否则将删除原来的字段名称。

（4）单击 确定 按钮，即可完成排序操作，排序后的结果如图 5.4.5 所示。

图 5.4.5　"降序"排序后的结果

> 注意：如果只是进行升序或降序排列，单击工具栏上的"升序"按钮 或"降序"按钮 ，即可进行排序。

三、数据筛选

筛选是一种用于快速查找数据的方法，自动筛选为用户提供了在数据清单中快速查找某种符合条件记录的功能。

以"成绩表1"为例，筛选出"英语"成绩高于75分的学生姓名，具体操作步骤如下。

（1）选定需要筛选的工作表中的任意一个标题单元格，如图5.4.6所示。

	A	B	C	D	E	F	G
1	姓名	语文	数学	英语	体育	总分	
2	李湘	75	85	95	82	337	
3	王南	75	85	65	95	320	
4	浩南	80	68	84	80	312	
5	张三	85	80	75	70	310	
6	小林	90	70	86	60	306	
7	童童	70	80	65	72	287	
8							
9							

图 5.4.6 对数据进行筛选

（2）选择 数据(D) → 筛选(F) ▶ 自动筛选(F) 命令，清单列表全部变为下拉列表，打开"英语"下拉列表，如图5.4.7所示。

	A	B	C	D	E	F	G
1	姓名	语文	数学	英语	体育	总分	
2	李湘	75	85		82	337	
3	王南	75	85		95	320	
4	浩南	80	68		80	312	
5	张三	85	80		70	310	
6	小林	90	70		60	306	
7	童童	70	80		72	287	

图 5.4.7 自动筛选数据清单

（3）选择 (自定义...) 选项，弹出 自定义自动筛选方式 对话框，如图5.4.8所示。在对话框中输入要筛选的条件。

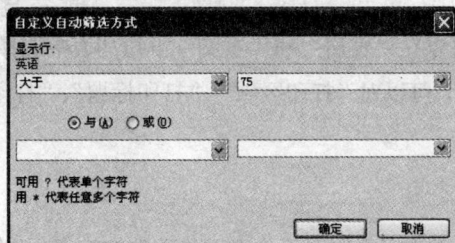

图 5.4.8 "自定义自动筛选方式"对话框

（4）单击 确定 按钮，即可完成数据筛选。

提示：经过筛选后的清单只显示包含筛选条件的数据行，其他数据将被隐藏。

第五节 打印工作表

对工作表输完数据并设置好格式后就可以打印输出了。但是为了使打印达到最佳效果，需要在打印之前对其做进一步准备工作，如设置页面、页眉、页脚等。

一、页面设置

在打印工作表之前，可以对打印方向、纸张大小、页眉、页脚、页边距等进行设置，这些操作都可以通过 页面设置 对话框来完成。选择 文件(F) → 页面设置(U)... 命令，弹出如图5.5.1所示

的 页面设置 对话框。

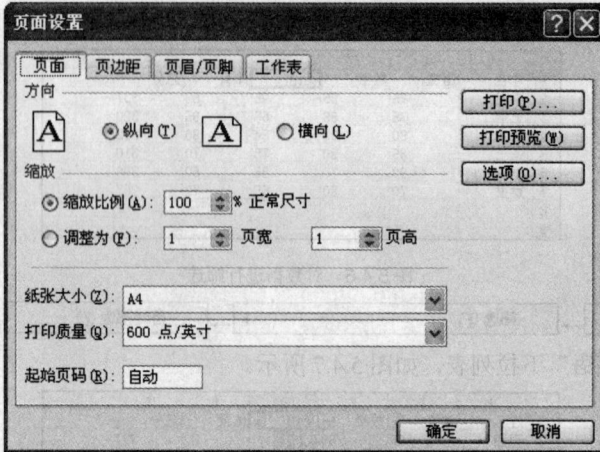

图 5.5.1　"页面设置"对话框

在该对话框中有 页面 、 页边距 、 页眉/页脚 和 工作表 4 个选项卡，用户可根据需要进行相应的设置。

（1）打开 页面 选项卡，可以对"方向"、"缩放"、"纸张大小"、"打印质量"等进行设置。

（2）打开 页边距 选项卡，可以对上、下、左、右边距和页眉、页脚边距进行设置。并且可以设置要打印工作表的居中方式。

（3）打开 页眉/页脚 选项卡，单击 自定义页眉(C)... 和 自定义页脚(U)... 按钮，打开相应的对话框进行设置，还可以在"页眉"和"页脚"下拉列表中选择系统提供的页眉和页脚。

（4）打开 工作表 选项卡，可以对"打印区域"、"打印标题"、"打印"和"打印顺序"进行设置。

二、打印预览

"打印预览"就是在打印工作表之前对工作表进行整体的检查，在打印预览窗口中显示的效果与打印效果基本相同，如果用户感觉不满意，还可以重新设置。

在 Excel 2003 中打开"打印预览"窗口的方法有：

（1）单击 页面设置 对话框中的 打印预览(W) 按钮。

（2）单击"常用"工具栏中的"打印预览"按钮 。

（3）选择 文件(F) → 打印预览(V) 命令。

以上 3 种方法都能打开如图 5.5.2 所示的"打印预览"窗口。

在"打印预览"窗口顶部有一些功能按钮，单击这些按钮都可弹出相应对话框，并可通过对话框进行相应的设置。

三、打印工作表

设置完后就可以打印了，Excel 2003 为用户提供了灵活多样的打印文件方式。在打印前，一定要看打印机是否处于联机状态，电源是否打开。

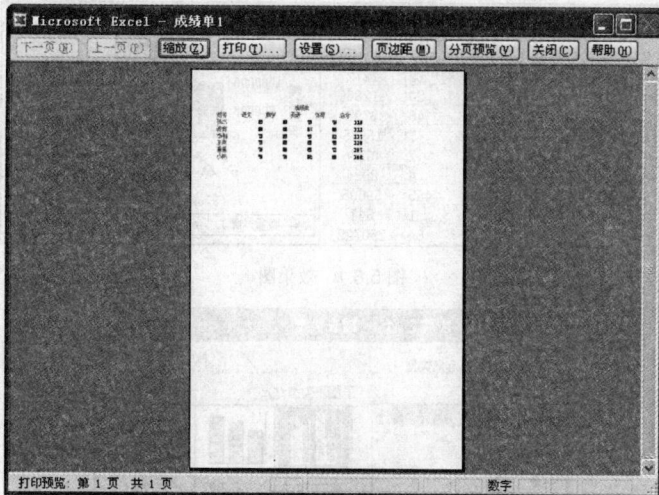

图 5.5.2　"打印预览"窗口

（1）如果要打印一份完整的工作表，单击"常用"工具栏中的"打印"按钮 ，就可以打印完整的工作表。

（2）如果打印文档部分内容或打印几份文档，具体操作步骤如下：

1）选择 文件(F) → 打印(P)... Ctrl+P 命令，弹出如图 5.5.3 所示的 打印内容 对话框。

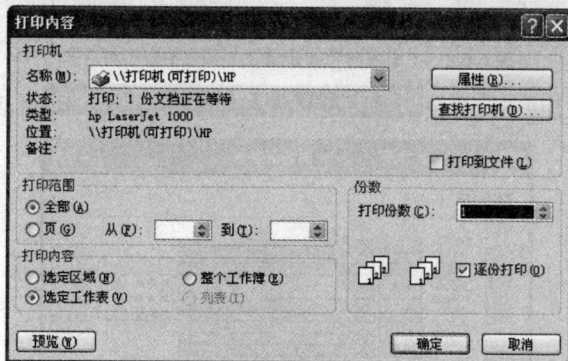

图 5.5.3　"打印内容"对话框

2）在相应的选区中选择要设置的打印条件。

3）单击 确定 按钮即可开始打印。

第六节　应用举例——创建销售图表

本例主要学习图表的创建、修改、美化以及数据的修改等，最终效果如图 5.6.1 所示。

创建销售图表的具体操作步骤如下：

（1）启动 Excel 2003，打开"华阳集团第一季度产品销售情况表"工作表。

（2）选中 A2:D11 单元格区域，选择 插入(I) → 图表(H)... 命令，弹出如图 5.6.2 所示的 图表向导 - 4 步骤之 1 - 图表类型 对话框。选择"图表类型"列表框中的"柱形图"选项，在"子图表类型"选区中选择第一种图表类型。

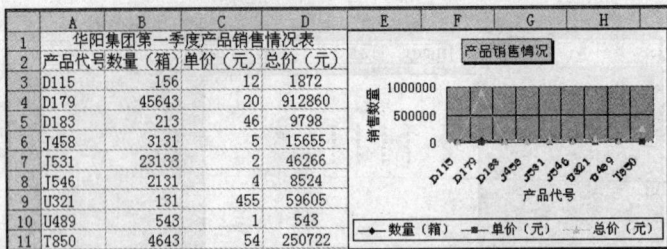

	A	B	C	D	E	F	G	H
1	华阳集团第一季度产品销售情况表							
2	产品代号	数量（箱）	单价（元）	总价（元）				
3	D115	156	12	1872				
4	D179	45643	20	912860				
5	D183	213	46	9798				
6	J458	3131	5	15655				
7	J531	23133	2	46266				
8	J546	2131	4	8524				
9	U321	131	455	59605				
10	U489	543	1	543				
11	T850	4643	54	250722				

图 5.6.1　效果图

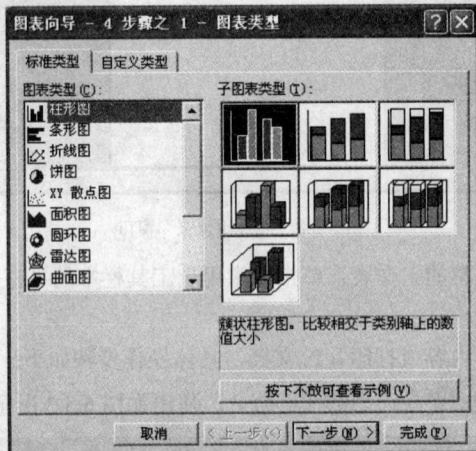

图 5.6.2　"图表向导-4 步骤之 1-图表类型"对话框

（3）单击 下一步(N) > 按钮，弹出 图表向导 － 4 步骤之 2 － 图表源数据 对话框，如图 5.6.3 所示。

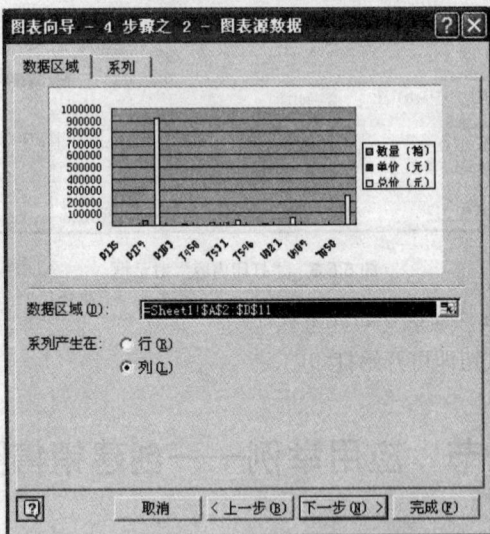

图 5.6.3　"图表向导-4 步骤之 2-图表源数据"对话框

（4）单击 下一步(N) > 按钮，弹出 图表向导 － 4 步骤之 3 － 图表选项 对话框，如图 5.6.4 所示。打开 标题 选项卡，在"图表标题"文本框中输入"产品销售数量图"，在"分类（X）轴"文本框中输入"产品代号"，在"数值（Y）轴"文本框中输入"数量"。

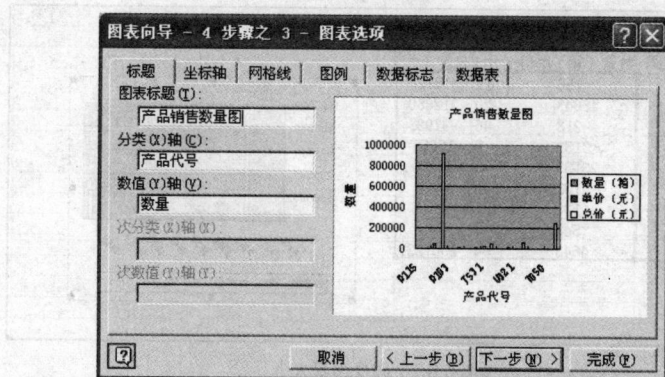

图 5.6.4 "图表向导-4 步骤之 3-图表选项"对话框

（5）打开 网格线 选项卡，选中"数值（Y）轴"选区中的 ☑主要网格线(Q) 复选框，打开 图例 选项卡，选中 ⊙底部(M) 单选按钮，单击 下一步(N)> 按钮，弹出 图表向导 - 4 步骤之 4 - 图表位置 对话框，如图 5.6.5 所示。选中 ⊙作为其中的对象插入(Q): 单选按钮，并在其左侧的下拉列表中选择 "Sheet1"选项，单击 完成(F) 按钮，插入图表效果如图 5.6.6 所示。

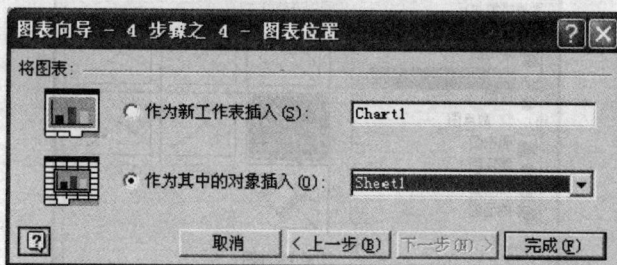

图 5.6.5 "图表向导-4 步骤之 4-图表位置"对话框

（6）在插入的图表上单击并拖动鼠标，鼠标变为 形状时，移动图表至合适的位置。
（7）选中图表，在图表边框上出现 8 个控制点，单击并拖动控制点可以改变图表大小，如图 5.6.7 所示。

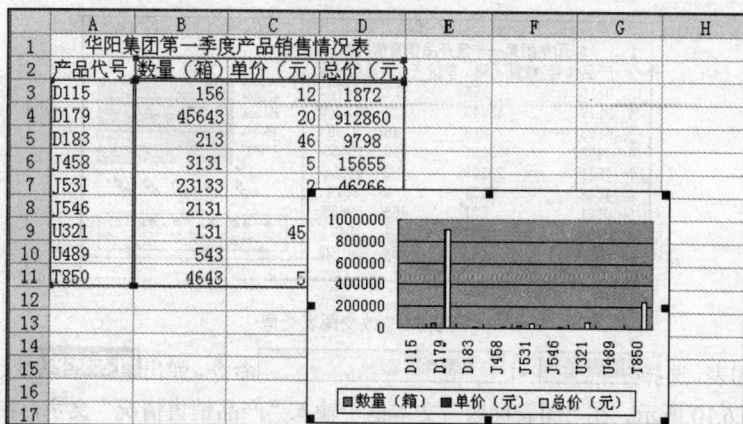

图 5.6.6 插入图表效果

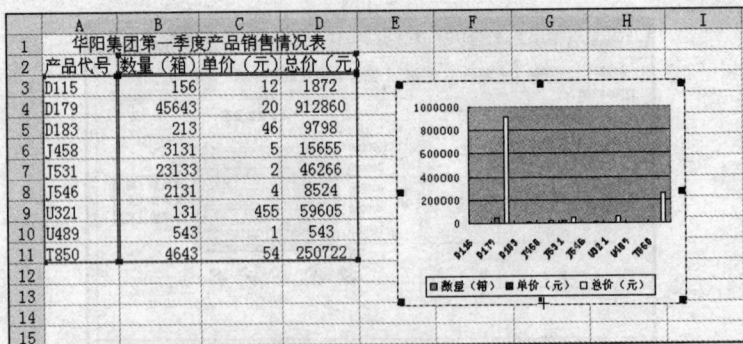

图 5.6.7　改变图表大小

（8）选中图表，选择 图表(C) → 图表类型(Y)... 命令，弹出 图表类型 对话框，如图 5.6.8 所示。打开 标准类型 选项卡，在"图表类型"列表框中选择"折线图"选项，在"子图表类型"选区中选择"数据点折线图"类型，单击 确定 按钮，效果如图 5.6.9 所示。

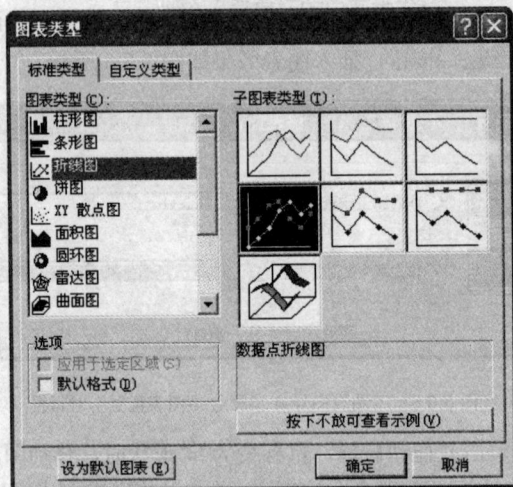

图 5.6.8　"图表类型"对话框

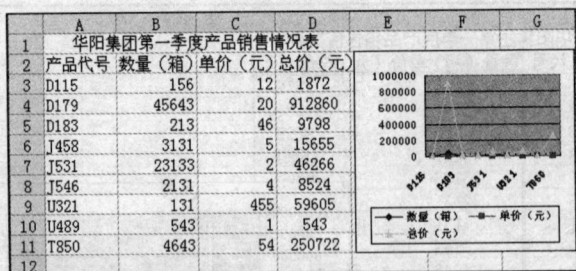

图 5.6.9　改变图表类型

（9）选中图表，选择 图表(C) → 图表选项(I)... 命令，弹出 图表选项 对话框。打开 标题 选项卡，如图 5.6.10 所示。在"图表标题"文本框中输入"产品销售情况"文字，在"分类（X）轴"文本框中输入"产品代号"文字，在"数值（Y）轴"文本框中输入"销售数量"文字。

（10）打开 网格线 选项卡，分别选中"分类（X）轴"和"数值（Y）轴"中的 ☑ 主要网格线(M) 复选框，如图 5.6.11 所示。单击 确定 按钮，效果如图 5.6.12 所示。

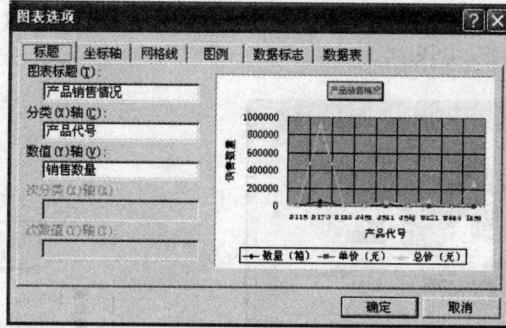

图 5.6.10 "标题"选项卡

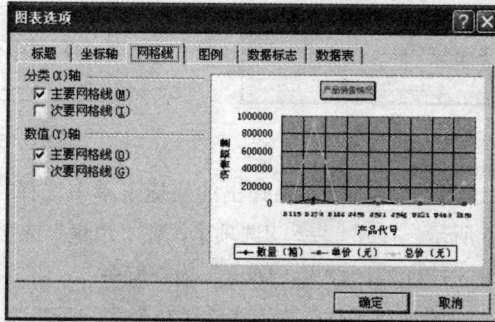

图 5.6.11 "网络线"选项卡

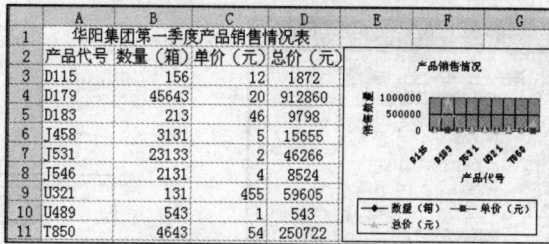

图 5.6.12 改变图表名称和显示主要网格线效果

（11）在图表标题上单击鼠标右键，在弹出的快捷菜单中选择 图表标题格式(O) 命令，弹出 图表标题格式 对话框。打开 图案 选项卡，如图 5.6.13 所示，在"颜色"下拉列表中选择"红色"选项，选中 阴影(D) 复选框，设置"背景色"为"黄色"。

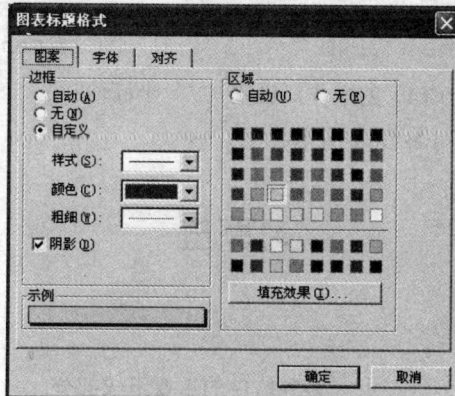

图 5.6.13 "图案"选项卡

（12）打开 字体 选项卡，设置"字体"为"幼圆"，"字号"为"11"，"颜色"为"蓝色"，如图 5.6.14 所示。图表效果如图 5.6.15 所示。

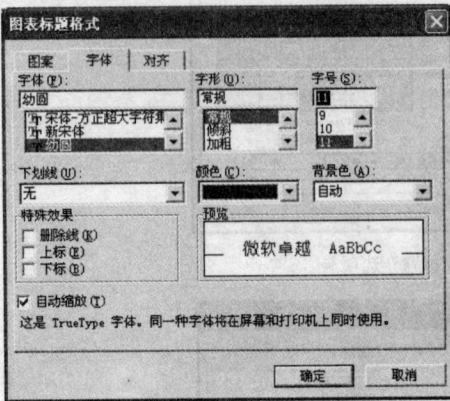

图 5.6.14　"字体"选项卡

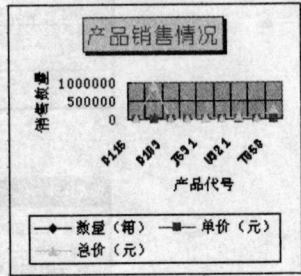

图 5.6.15　修改标题效果

（13）在图表（X）轴上单击鼠标右键，在弹出的快捷菜单中选择 坐标轴格式(O) 命令，弹出 坐标轴格式 对话框，如图 5.6.16 所示。打开 图案 选项卡，在"边框"选区中选中 自定义 单选按钮，在"样式"下拉列表中选择第 8 种样式，设置"颜色"为"鲜绿"。

（14）打开 字体 选项卡，设置"字体"为"华文宋体"，"字号"为"8"号，单击 确定 按钮，效果如图 5.6.17 所示。

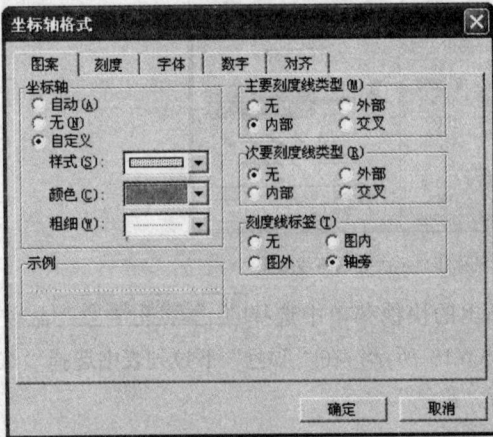

图 5.6.16　"坐标轴格式"对话框

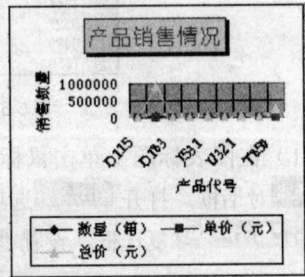

图 5.6.17　设置（X）坐标轴效果

（15）重复步骤（13）和（14）的操作，设置（Y）坐标轴。

本例制作完成，最终效果如图 5.6.1 所示。

习题五

一、填空题

1. 中文 Excel 2003 是＿＿＿＿＿办公系列软件的重要组成部分。

2. Excel 2003 的新特性有＿＿＿＿、＿＿＿＿、＿＿＿＿、＿＿＿＿和＿＿＿＿。

3．一个工作簿中，最多可以有_____工作表。

4．默认情况下，单元格文本的对齐方式是_____。

5．一个单元格最多可以包含_____个字符，而且最多可以显示_____个字符。

二、选择题

1．在 Excel 2003 工作表中输入日期或时间时，默认情况下日期或时间在单元格中是（　）。

    A．居中　　　　　　　B．左对齐　　　　　　C．右对齐　　　　　　D．随机

2．在 Excel 工作表中，下列（　）操作可以删除工作表 B 列。

    A．单击列号 B，按"Del"键

    B．单击列号 B，选择"编辑"→"删除"命令

    C．单击列号 B，单击工具栏中的"剪切"按钮

    D．单击列号 B，选择"编辑"→"清除"→"全部"

3．在对工作表中的数据进行排序时，选择"数据"→"排序"命令，在"排序"对话框中必须指定排序的关键字为（　）。

    A．第一关键字　　　B．第二关键字　　　　C．第三关键字　　　　D．主要关键字

4．如果工作表 C2 单元格与 E3 单元格的值均为 0，C4 单元格中为公式"＝C3＝D4"，则 C4 单元格显示的内容为（　）。

    A．C3＝D4　　　　　B．RRUE　　　　　　C．#N/A　　　　　　D．0

三、简答题

1．Excel 2003 有什么新增功能？

2．简述 Excel 2003 的界面组成。

3．简述工作簿、工作表和单元格的关系。

4．如何复制和移动单元格中的数据？

5．简述数据清单在 Excel 2003 中的作用。

四、上机操作题

1．练习启动和退出 Excel 2003。

2．练习移动和删除数据。

3．熟悉函数和公式的使用。

4．创建一个数据清单。

5．建立一个工作表，并对其格式进行设置，如对齐方式、字体、边框、背景图案等。

第六章　Internet 操作基础

Internet 是全球最大的广域网，国内称为"因特网"。它拥有丰富的信息资源，通过它可以实现信息的共享和用户之间的交流，如浏览各种信息、收发电子邮件等。

本章重点

（1）Internet 概念。

（2）Internet 的接入。

（3）浏览网页。

（4）收发电子邮件。

第一节　Internet 概念

本节主要介绍计算机网络及 Internet 的基本概念和应用。

一、网络的基本概念

计算机网络是一个利用外围通信设备和线路将不同地理位置、功能独立的多台计算机互相连接起来，实现各台计算机之间信息的互相交换，从而实现计算机资源的共享。

按照网络覆盖地理范围的大小，将计算机网络分为局域网、城域网和广域网。

局域网（Local Area Network，LAN）是覆盖地理范围较小的通讯网络。它常利用电缆线将个人计算机和办公设备相互连接起来，以实现用户之间相互通信、共享资源及访问其他网络和远程主机。

城域网（Metropolitan Area Network，MAN），可以覆盖相距不远的几栋办公楼，也可以覆盖一个城市；既可以是专用网，也可以公用网，所采用的技术基本上与局域网相似。城域网既可以支持数据和语音传输，也可以与有线电视相连。

广域网（Wide Area Network，WAN）是覆盖地理范围广阔的数据通信网络。它利用电话线、高速电缆、光缆和微波天线等将远距离的计算机相互连接起来以实现数据传输，是一种跨越地区及国家的遍布全球的计算机网络。

二、Internet 的基本概念

Internet 的音译名为"因特网"，人们也常称其为"互联网"或者是"国际互联网"。Internet 是目前世界上最大的信息网络，有人把它称为"网络中的网络"，但它不是一个具体的网络，是众多网络互相通过一定的协议（TCP/IP 协议）连接而成的一个网络集合。

它是由 1969 年美国军方的 Arpanet 网发展而成的一个军用网络，经过几十年的发展，逐渐成为一个国际性的网络。

由于越来越多的人使用、接入计算机，现在 Internet 规模越来越大，网络资源也越来越丰富。它

形成了以传播信息为中心的跨国界、跨地域的全新传播方式，成为人们相互交流、获取信息的一种重要手段，对社会各个方面也产生了巨大的影响。它还允许各式各样的计算机通过拨号方式或者是局域网方式接入。

三、Internet 的应用

Internet 之所以得到广泛的应用，是因为它提供了大量的服务，如万维网（WWW）服务、电子邮件（E-mail）服务、电子公告板（BBS）服务、文件传输（FTP）服务、新闻组（Usenet）服务、远程登录（Telnet）服务、信息查询工具（Gopher）等。这些服务为人们之间的信息交流带来了极大的便利，下面对主要的服务项目做以介绍。

1. 万维网（WWW）

万维网是全世界性的互联网的多媒体子网，是 Internet 上发展最快的一部分，也是最受欢迎的一种信息服务形式。万维网站点地址前都有"http//"字样，它遵循超文本传输协议（HTTP），通过超文本及超媒体技术将 Internet 上的信息集合起来，使用户可以通过"超级链接"快速访问。即使用户对网络不熟悉，也可以使用 WWW 浏览器（如 Internet Explorer）漫游 Internet，从中获取信息。

2. 电子邮件（E-mail）

E-mail 的使用很普及，是由于它可以使用户在任何时间、地点撰写、收发邮件、读取邮件、回复及转发邮件等。用户可以通过 Internet Explorer 中的电子邮件收发器 Outlook Express 来收发电子邮件。

3. 电子公告板（BBS）

BBS 是因特网上的信息实时发布系统。用户可以通过它发布各种信息及进行各种交流，国内多数用户喜欢用这种方式进行交流。

4. 文件传输（FTP）

使用文件传输这种服务可以将一台计算机上的文件传送到另外一台计算机上。FTP 可以传输各种类型的文件。

5. 新闻组（Usenet）

Usenet 是一种类似于 BBS 的服务，通过它用户可以在网上发布信息和相互交流。Usenet 比 BBS 安全、方便、可读性好。

注意：Usenet 服务也可被译为"应用网"，现在越来越多的人叫它 Newsgroup（新闻组），也有很多人反对这种说法。

6. 远程登录（Telnet）

远程登录作为 Internet 上最早的一种服务，使用户使用的个人计算机成为某一台远程计算机的虚拟终端，用户所有的操作都要通过远程主机处理后才反馈给用户。

7. 信息查询工具（Gopher）

Gopher 软件在 WWW 没出现以前，是 Internet 上最主要的信息检索工具。但由于计算机网络技术和 WWW 技术的飞速发展，Gopher 技术逐渐被人们遗忘。

Gopher 是一种基于菜单的 Internet 信息查询工具，用户只要在呈树型结构排列的多层菜单中选择特定的选项，就可以选取自己需要的、感兴趣的信息资源，用户还可以对 Internet 上的远程信息系统进行实时访问。

第二节　Internet 的接入

随着 Internet 的迅速普及和用户数量的不断增长，用户的需求也多种多样。各运营商为了满足用户的需求，根据自身网络发展情况，推出了多种不同的 Internet 接入方式。这一节主要介绍一些上网的基本要求和 Internet 的接入方式。

一、上网的要求

用户要实现上网首先必须查看计算机的硬件和软件是否符合条件。根据上网方式的不同，需要的硬件也不同，用户可以根据自己的喜好选择，但需要的软件是相同的。

由于采用普通电话线上网方式既经济又实惠，所以这里只介绍使用电话线上网所需的条件。

1. 上网的硬件要求

硬件的性能直接影响上网速度的快慢，一般包括以下几种设备：

（1）计算机系统。对上网的用户来说，首先要做好基本硬件设备的准备。用户所用的计算机必须在 486 以上，最好使用 586 以上档次的计算机；内存 16 MB 以上，最好在 32 MB 以上；硬盘容量最好大一些，有 200 M 以上的可用硬盘空间；显示卡和显示器最好能支持 800×600 以上的分辨率；最好配有多媒体部件，因为现在的许多站点都具有声音、图像、视频信息等。

（2）网络适配器。采用普通电话线方式上网，需要用到调制解调器。它的功能主要是"调制"和"解调"。"调制"就是将计算机发送的数字信号转换为模拟信号的过程，其目的便于在电话线上高质量的传输数据。"解调"就是在数据接收端将电话线传来的模拟信号转换为数字信号传送到计算机的过程。调制解调器是对数据传输进行转换的设备，用户根据需要选择传输速度高的调制解调器。

（3）网络连线。采用普通电话线方式上网，使用的网络连线是电话线。

2. 上网的软件要求

上网除了具备硬件设备外还需要有一定的网络软件，如浏览器软件、电子邮件软件、文件下载软件、网络优化软件等。

3. 申请 Internet 账号

具备了一定的硬件和软件条件后，用户还需要到 ISP（Internet 服务供应商即 Internet Service Provider）处申请一个 Internet 账号。用户拿到申请的 Internet 账号就可以通过电话线将个人计算机连接到 ISP 的计算机上，并接入 Internet 中。

申请账号时，ISP 会让用户自己选择用户名和密码。在申请了一个拨号账号后，ISP 提供了下列信息：

（1）用户名和密码。

（2）E-mail 地址。

二、Internet 的接入

不管是单位用户还是个人用户接入 Internet 都有多种接入方式，如 MODEM 接入、Cable MODEM 接入、ISDN 接入、ADSL 接入、DDN 接入、无线接入、光纤接入等。这里介绍两种常用的接入方式。

1．MODEM 接入

虽然现在有许多比 MODEM 速度快、功能好的接入技术，但是目前 MODEM 仍然是较常用的接入方式。MODEM 是英文 Modulator 和 Demodulator 的缩写，中文名为调制解调器，俗称"猫"，是把数字信号与模拟信号相互转换的设备。

MODEM 的传输速率较低，其下行传输速率为 56 kb/s，上行传输速率仅有 33.6 kb/s。

它的主要功能在网络适配器中已经讲过，这里介绍一下它的分类。MODEM 主要分为外置和内置两种。

（1）外置 MODEM 又称台式 MODEM，其特点是不占用主机的资源，便于安装，性能较好且方便使用，但需另外配置电源和电缆，价格较贵。

（2）内置 MODEM 又称卡式 MODEM，其特点是体积较小，是一块可插在主机箱内扩展槽上的插卡。虽然价格便宜，但其安装较复杂，且占用主机资源，性能较差。

2．ADSL 接入

ADSL（Asymmetric Digital Subscriber Line）中文译为非对称数字用户线路，是另一种最具影响的宽带接入技术。

如果用户要使用高宽带服务，只要在普通线路两端安装 ADSL 设备就可以了，再通过一条电话线就可以获得比普通 MODEM 快 100 倍的速度来浏览因特网。使用因特网可以查找资料、娱乐、购物以及享受其他网上乐趣。

（1）ADSL 的接入方式。ADSL 接入 Internet 主要有两种方式：专线接入和虚拟拨号。

1）专线接入方式：是由 ISP 提供静态 IP 地址、主机名称、DNS 等入网信息，然后安装好 TCP/IP 协议，直接在网卡上设定好 IP 地址，DNS 服务器等信息，就可直接接入 Internet。由此可见，ADSL 软件的设置和局域网一样。由于此方式设置技术性稍多，而且占用 ISP 有限的 IP 地址资源，所以目前主要是针对企业。

2）虚拟拨号方式：采用这种方式比较简单。可使用 PPPoE 协议软件，然后按照传统拨号方式上网，ISP 分配动态 IP。由于 PPPoE 形式的入网与用户所使用的 PPPoE 软件有很大关系，所以首先要确定使用的 PPPoE 软件，由于大家都遵守 PPPoE 协议，所以用户可以不使用 ISP 提供的 PPPoE 软件，选择自己喜欢的软件。

PPPoE（Point to Point Protocol over Ethernet）中文译为基于局域网的点对点通讯协议，它基于局域网 Ethernet 和点对点 PPP 拨号协议两个标准。对于最终用户来说不必了解局域网的较深技术，只需当做普通拨号上网就可以了。

PPPoE 协议：ADSL 连接的是 ADSL 虚拟专网接入的服务器。根据网卡类型的不同可分为 ATM 和 Ethernet 局域网虚拟拨号方式。由于使用局域网虚拟拨号方式具有安装、维护简单等特点，所以目前已成为 ADSL 虚拟拨号的主力军，并且具有一套可以实现账号验证、IP 分配等工作的网络协议，这就是 PPPoE 协议。

（2）ADSL 的特点。ADSL 利用铜质电话线作为传输介质，为用户提供了高宽带服务技术，其主要特点如下：

1）ADSL 是非对称传输，传输速率高，上行可高达 640 Kb/s，下行高达 8 Mb/s。

2）与普通调制解调器相比，ADSL 采用专线接入，不需要拨号，可以直接上网。而且 ADSL 的传输速率非常高，是普通调制解调器的几十倍。用户既可以上网又可以打电话，使两者互不干扰。

第三节　浏览网页

用户要在 Internet 上尽情的冲浪，必须借助于 WWW 浏览器。本节主要介绍 WWW 浏览器的概述、IE6.0 的使用、IE 搜索功能的应用等。

一、WWW 浏览器概述

万维网 WWW（World Wide Web）是一个基于超文本方式的信息检索工具。它将文本、图形、文件和其他 Internet 上的资源紧密地联系起来，用户只要操作鼠标就可以从其他地方调来所需的信息，使用 WWW 浏览器可使用户访问 Internet 上的资源更加方便、快捷。

二、IE6.0 的使用

使用 Windows XP 内置的 Internet Explorer 6.0（简称 IE6.0），可以很方便地帮助用户从 Internet 上获取各种类型的信息。下面主要介绍 IE6.0 的界面及使用 IE6.0 浏览网页、查找网页、保存网页、脱机浏览等。

1. IE6.0 的界面

双击任务栏中 IE 的快速启动图标，或选择 开始 → Internet Explorer 命令，打开如图 6.3.1 所示的 IE6.0 界面。

图 6.3.1　IE6.0 界面

IE6.0 界面是 Windows XP 的一个标准界面，主要由标题栏、菜单栏、工具栏、地址栏、状态栏等组成。

（1）标题栏。标题栏位于界面的顶行，标明正在浏览的网页标题。

（2）菜单栏。菜单栏位于标题栏的下方，它包含 IE 所有的命令，单击其中任意一个菜单项即可弹出相应的下拉菜单。用户可以根据需要选择菜单命令。

（3）工具栏。工具栏位于菜单栏的下方，它包含了常用的功能按钮，如后退、前进、停止、刷新等，用户单击按钮即可实现相应的功能。

（4）地址栏。地址栏位于工具栏的下方，用户可以在此输入网页的地址，单击地址栏右边向下的箭头可弹出最近查看过的网页地址。

（5）状态栏。状态栏位于 IE 界面的最底部，它显示当前的工作状态，连接网页时显示进度条。

（6）浏览区。位于地址栏和状态栏之间的区域是界面的浏览区，在此可以显示网页的内容。

（7）滚动条。滚动条分为水平滚动条和垂直滚动条。水平滚动条位于"浏览区"的底端，垂直滚动条位于"浏览区"的右侧，使用滚动条可以查看未显示完整的网页内容。

2．浏览网页

启动 IE6.0 后，就可以打开任意一个网页（见图 6.3.1）。从中可以看到许多彩色文本、图片和一些动画，因为它们都设置了超链接，单击其中任意一个，都可链接到其他的网页。

（1）地址栏的使用。单击网页中的超链接，可以链接到其他的网页，如果一直单击，网页会层层显示，但这样比较浪费时间，为了节省时间，如果用户已经知道某些网址或网站，就可以在地址栏中输入网址，进行有目的的浏览。

在地址栏中输入一个网址，单击"转到"按钮 ➜ 转到 或按回车键，即可打开该网站的主页。

（2）切换网页。切换网页通常有下面两种方法：

1）刷新。用户在打开网页时，有时会出现网页没有完整显示或网页被停止的情况，这时，单击 IE 工具栏中的"刷新"按钮 🔄 ，可以重新打开该网页。

2）使用"前进"和"后退"按钮。使用"前进"和"后退"按钮可连接到最近访问过的网页。单击 IE 工具栏中的"后退"按钮 ◀后退 ，可查看刚刚访问的最后一页。

3）使用"停止"按钮。打开网页时，如果网页打开速度较慢或者发现不是自己所要浏览的网页时，单击 IE 工具栏中的"停止"按钮 ❌ ，可停止正在打开的网页。

3．查找网页

（1）在当前网页中查找信息。用户要在当前网页中查找信息，具体操作步骤如下：

1）选择 编辑(E) → 查找(在当前页)(F)... Ctrl+F 命令，弹出如图 6.3.2 所示的 🔍查找 对话框。

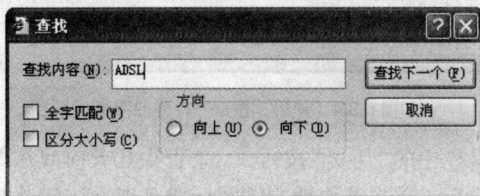

图 6.3.2　"查找"对话框

2）在"查找内容"文本框中输入要查找的关键字。

3）单击 查找下一个(F) 按钮，光标即停在第一个找到的关键字上。

（2）查找网页。在 Internet 上查找网页，可通过下面的方法完成。

1）选择 查看(V) → 浏览器栏(E) ▶ 搜索(S)　Ctrl+E 命令，或者使用"搜索"
按钮 🔍搜索，可打开"搜索"任务窗格，如图 6.3.3 所示。

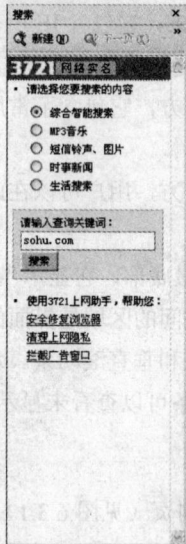

图 6.3.3　"搜索"任务窗格

2）在"请选择您要搜索的内容"选项中，选中需要的单选按钮，然后在"请输入查询关键词"
文本框中输入您要查找的网站或者是相关的关键词，如输入"sohu.com"，单击 搜索 按钮即可打开相
应的网页，如图 6.3.4 所示。

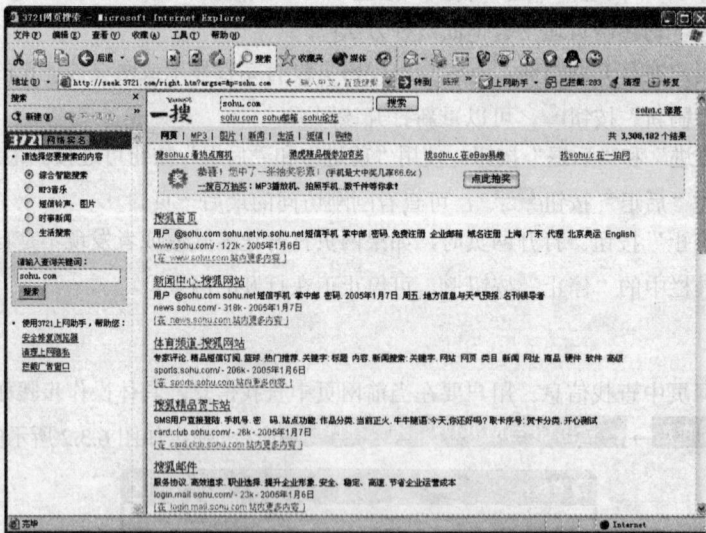

图 6.3.4　使用"搜索"打开的网页

用户还可以通过单击工具栏中的"历史"按钮 🕙，来查找几天前或几周前访问过的网页站点链接。
找到所需的历史记录快捷方式后，单击该快捷方式图标即可查看访问过的历史记录。

4．保存网页

在网上浏览到需要的信息时，需要将其保存到磁盘上方便日后查看，保存网页有以下几种方法。

（1）选择菜单命令保存网页的具体操作步骤如下：

1）选择 文件(F) → 另存为(A)... 命令，弹出如图 6.3.5 所示的 保存网页 对话框。

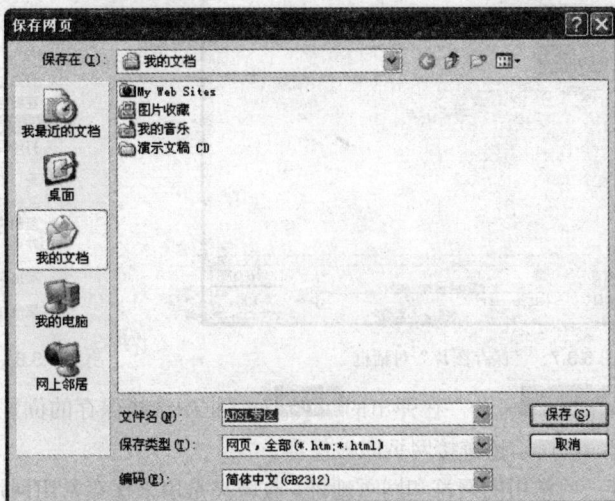

图 6.3.5 "保存网页"对话框

2）在"保存在"下拉列表框中选择保存网页的文件夹。

3）在"文件名"下拉列表框中选择文件名或在文本框中输入文件名。

4）在"保存类型"下拉列表框中选择适当的保存类型。

5）在"编码"下拉列表框中选择一种编码方式。

6）单击 保存(S) 按钮，即可保存该网页。

（2）使用快捷菜单保存图片和超链接的内容。要保存网页中的某个图片，其具体操作步骤如下：

1）在图片上单击鼠标右键，弹出如图 6.3.6 所示的快捷菜单（一）。

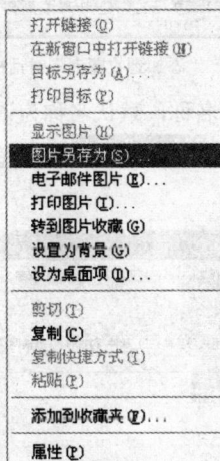

图 6.3.6 快捷菜单（一）

2）在快捷菜单中选择 图片另存为(S)... 命令，弹出如图 6.3.7 所示的 保存图片 对话框。

3）在 保存图片 对话框中选择保存图片的位置、文件名和保存类型。

4）单击 保存(S) 按钮，即可保存该图片。

保存超链接的具体操作步骤如下：

1）在超链接上单击鼠标右键，弹出如图 6.3.8 所示的快捷菜单（二）。

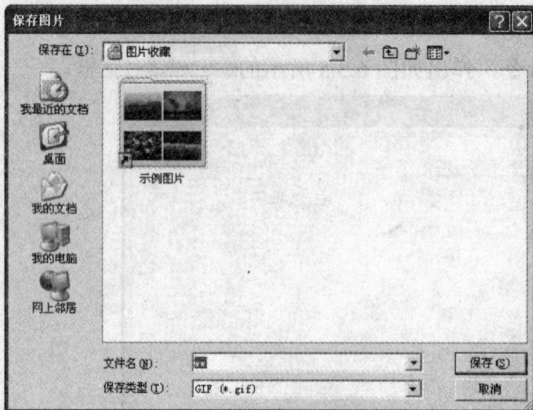

图 6.3.7　"保存图片"对话框　　　　　　　　　图 6.3.8　快捷菜单（二）

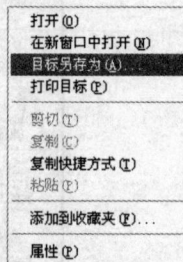

2）选择 目标另存为(A). 命令，在弹出的 另存为 对话框中选择保存的位置、文件名。

3）单击 保存(S) 按钮，超链接网页即被保存。

有时还需要保存一些常用的网站和网页地址。收藏夹是用来保存常用网址的工具，用户可以为每个网址指定一个名称，使下次访问时能很快地找到它。收藏夹中的网址和磁盘中的文件一样，用户可以对收藏夹中的文件夹进行新建、删除、重命名等操作。对于经常访问的站点和网页，用户可以将其添加到收藏夹中保存。

用户访问到一个网站或网页时，如果要保存当前的网页地址，其具体操作步骤如下：

（1）选择 收藏(A) → 添加到收藏夹(A) 命令，弹出如图 6.3.9 所示的 添加到收藏夹 对话框（一）。

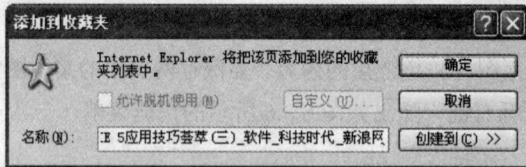

图 6.3.9　"添加到收藏夹"对话框（一）

（2）在"名称"文本框中输入一个名称，默认名称为该网页的标题。

（3）单击 创建到(C) >> 按钮，弹出 添加到收藏夹 对话框（二），如图 6.3.10 所示，用户可将该网页的地址保存到收藏夹中的子文件夹中。

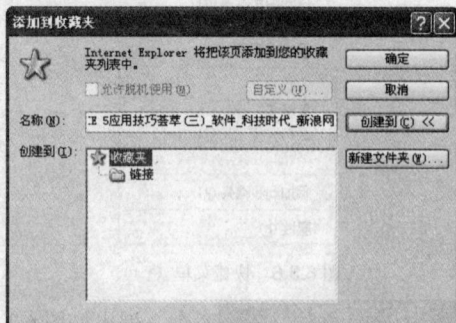

图 6.3.10　"添加到收藏夹"对话框（二）

（4）如果将该网址保存到一个新文件夹中，可单击 新建文件夹(W)... 按钮，在弹出的 新建文件夹 对话框中输入新文件夹名称，单击 确定 按钮，"创建到"列表框中即添加了新建的文件夹。

（5）在 添加到收藏夹 对话框（二）中，单击 确定 按钮，创建到列表框中就可显示新增加的网页名称。

用户除了将网站或网址保存到收藏夹，还要对收藏夹进行管理，选择 收藏(A) → 整理收藏夹(O)... 命令，弹出如图 6.3.11 所示的 整理收藏夹 对话框。

对话框的右侧为文件夹和网页地址列表，选择其中任意一个，单击对话框左侧相应的按钮，可以对其进行修改、移动和删除。

5. 脱机浏览

有时为了方便工作和节省上网费用（如果是 Modem 拨号上网，就要支付一定的电话费和网络使

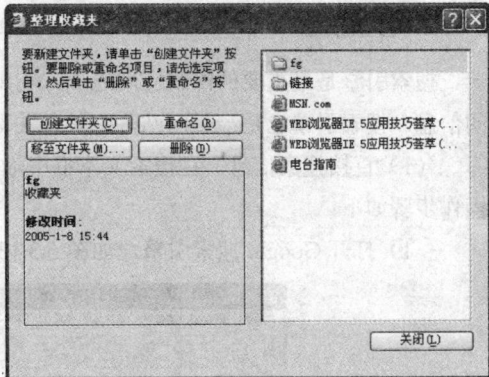

图 6.3.11　"整理收藏夹"对话框

用费），可以将 Internet 上的网页下载到本地计算上，断开和 Internet 的连接后，再使用 IE 的脱机浏览功能来浏览网页。

三、IE 搜索功能的应用

在介绍 IE 搜索功能前，先介绍搜索引擎的概念及搜索信息的分类等。

1. 搜索引擎的概念

随着 Internet 的飞速发展，网上的信息越来越多，如果只是通过在网上浏览来获取有价值的信息是比较困难的，为了满足广大用户信息检索的需求，便产生了搜索网站。由专业网站提供的搜索工具，称为"搜索引擎"。

搜索引擎的启动很简单，单击工具栏中的"搜索"按钮 ，可在浏览器窗口的左侧出现"搜索"任务窗格，如图 6.3.12 所示。

图 6.3.12　启动"搜索引擎"

2．搜索信息

搜索引擎是最重要的网络应用之一，利用它可以帮助用户在 Internet 上快速、准确的查找到所需的信息。搜索引擎也是一类网站，它具备关键字查询和分类主题查询两种功能。

（1）直接搜索信息。在搜索文本框中输入要查找信息的关键字，就可查找到需要的信息。具体操作步骤如下：

1）打开 Google 搜索引擎，如图 6.3.13 所示。

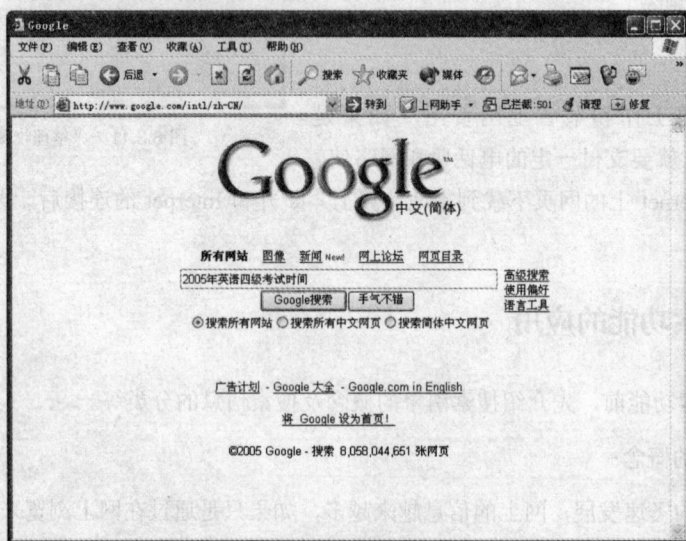

图 6.3.13　Google 搜索引擎

2）在图中文本框内输入"2005 年英语四级考试时间"关键字，选中 ⊙搜索所有网站 单选按钮，然后单击 Google搜索 按钮，打开如图 6.3.14 所示的网页。

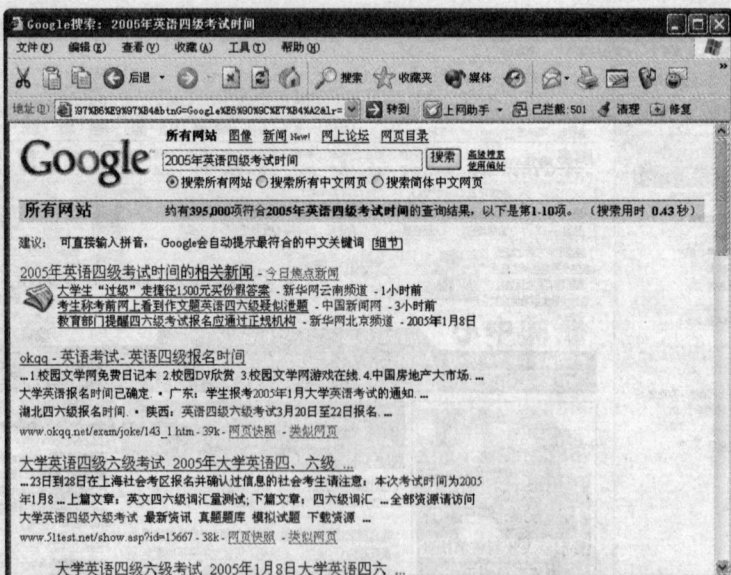

图 6.3.14　直接搜索结果网页

3）如果需要更详细的信息，在文本框中输入内容，继续搜索即可。

（2）分类搜索。分类搜索，不需要在文本框中输入内容，按照网站提供的分类说明单击进入就可以了。使用分类搜索的具体操作步骤如下：

1）打开一个网页，单击"搜索"超链接，如图 6.3.15 所示。

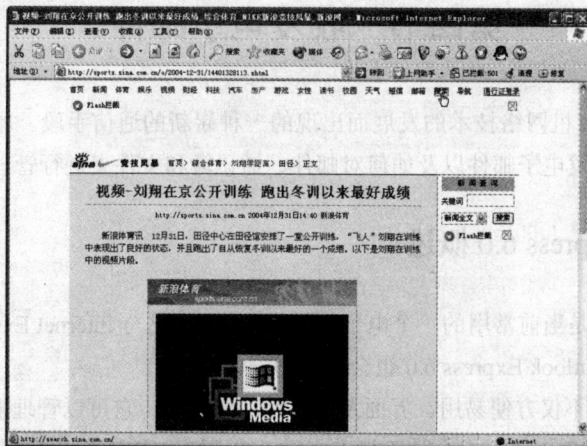

图 6.3.15　打开的网页（一）

2）打开如图 6.3.16 所示的网页，在网页中打开 网页 选项卡，单击"海啸"超链接，打开如图 6.3.17 所示的网页。

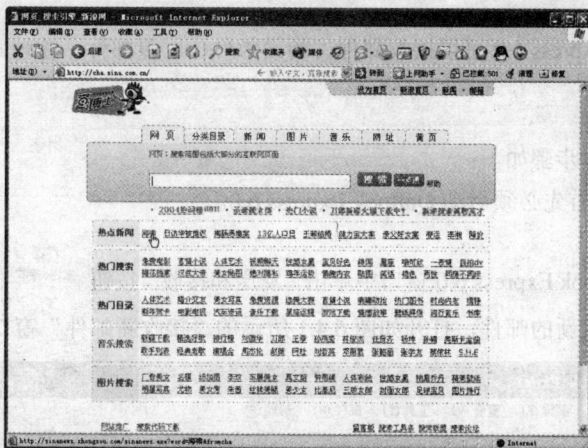

图 6.3.16　打开的网页（二）

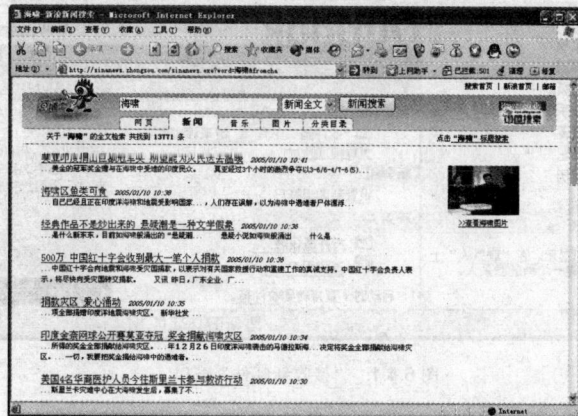

图 6.3.17　分类搜索结果网页

3）如果需要更详细的内容，可以继续单击该网页中的超链接。

第四节　收发电子邮件

电子邮件是随着计算机网络技术的发展而出现的一种崭新的通信手段。本节主要介绍如何使用 Outlook Express 6.0 来收发电子邮件以及如何对邮件、通讯簿和文件夹进行管理。

一、Outlook Express 6.0 概述

Outlook Express 6.0 是当前常用的一个电子邮件收发软件，它与 Internet Explorer 6.0 集成在一起，安装 IE6.0 浏览器时，Outlook Express 6.0 也会被自动安装。

Outlook Express 6.0 不仅方便易用、界面友好，且功能强大。它可以管理多个电子邮件和新闻组账户；在服务器上保存邮件以便在多台计算机上查看；使用通讯簿存储和检索电子邮件地址；在邮件中添加个人签名或信纸、发送和接收安全邮件等。

二、使用 Outlook Express 6.0 收发电子邮件

用户使用 Outlook Express 6.0 可以接收邮件、阅读邮件、回复邮件、管理邮件等。

1. 接收邮件

接收邮件的具体操作步骤如下：

（1）要接收邮件，首先必须启动 Outlook Express 6.0。

（2）在打开的 Outlook Express 6.0 窗口中单击"发送和接收"按钮，Outlook Express 6.0 验证用户的身份并且接收新的邮件，打开如图 6.4.1 所示的"接收新邮件"窗口。

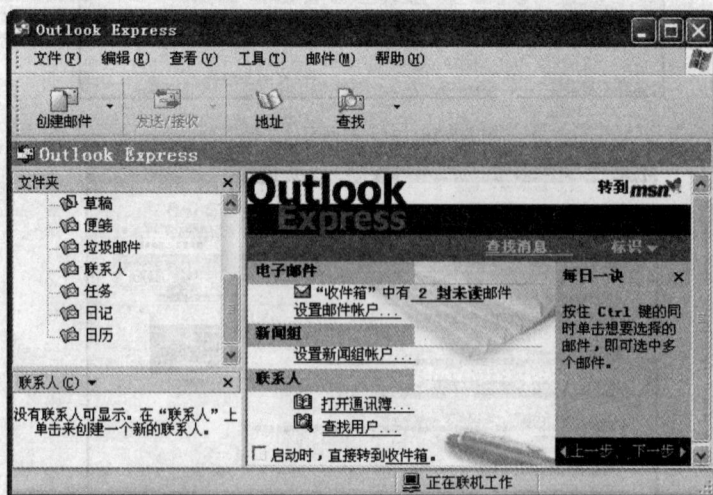

图 6.4.1　"接收新邮件"窗口

在该窗口中提示有两封未读的邮件，说明有新的邮件，否则就表示没有新的邮件。

2．阅读邮件

用户接收到新的邮件后，就可以阅读它们了。阅读邮件的具体操作步骤如下：

（1）单击左侧窗格中的"收件箱"文件夹，打开如图 6.4.2 所示的"收件箱"窗口。

图 6.4.2 "收件箱"窗口

（2）单击要阅读的邮件主题，相应的邮件内容便在窗口的右下方显示，如图 6.4.3 所示。

（3）用户也可以通过双击要阅读的邮件主题打开邮件阅读的窗口，如图 6.4.4 所示。

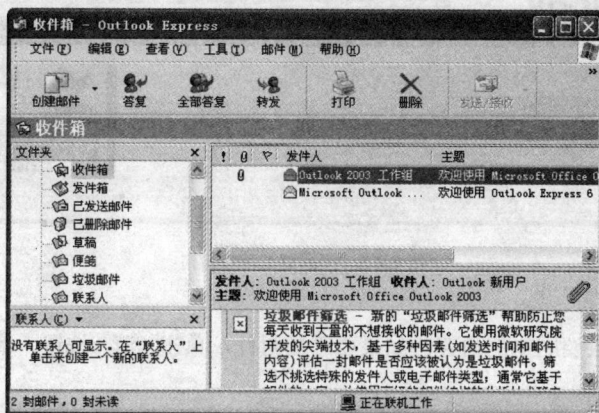

图 6.4.3 阅读邮件的窗口（一）

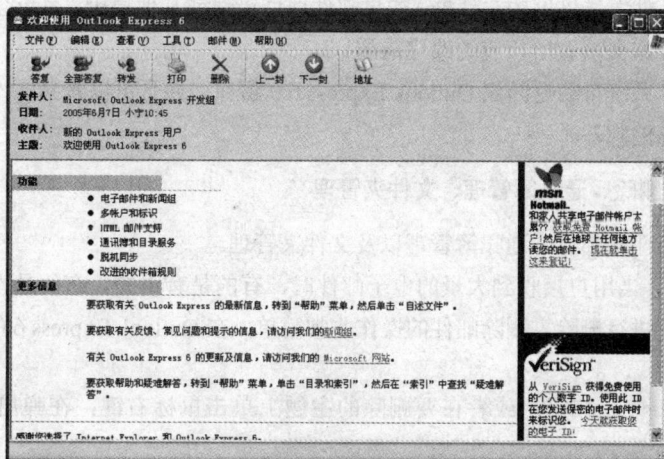

图 6.4.4 阅读邮件的窗口（二）

3．回复邮件

发送邮件有两种，一种是创建一个新邮件，然后发送该邮件；另一种是回复邮件，回复邮件的具体操作步骤如下：

（1）在 Outlook Express 6.0 窗口中，选择好要回复的主题后单击 ⬛答复 按钮，打开"回复邮件"窗口，如图 6.4.5 所示。

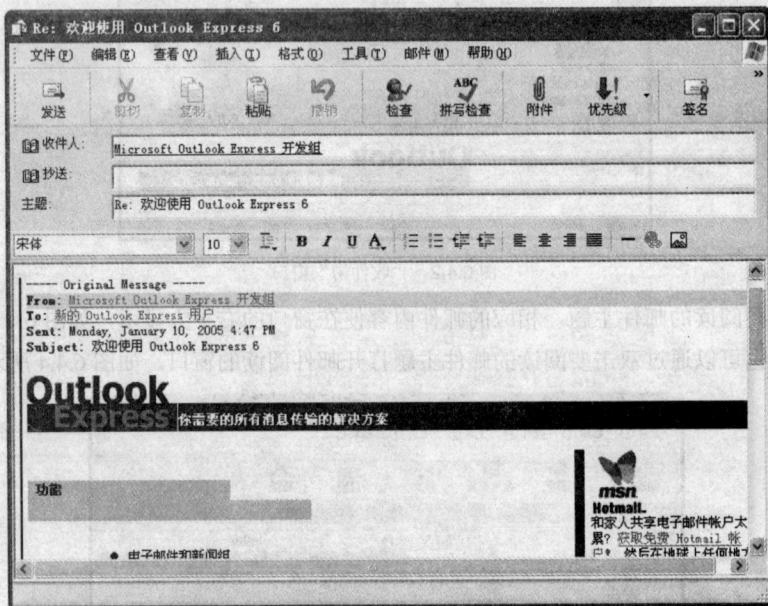

图 6.4.5　"回复邮件"窗口

（2）在窗口中输入要回复的内容，如果要添加附件，单击 ⬛附件 按钮，增加附件文件。

（3）单击 ⬛发送 按钮，该邮件被发送出去。

发送时会显示邮件发送进度的对话框，如果邮件地址错误或其他原因，系统会显示邮件发送错误的信息，用户可以根据提示做出相应的改进措施。

邮件发送完后，系统自动返回到 Outlook Express 6.0 窗口，并且可以看到在"已发送邮件"文件夹中添加了刚刚发送的邮件。

4．管理邮件（删除、通讯簿管理、文件夹管理）

管理邮件主要指删除邮件、通讯簿管理以及文件夹管理。

（1）删除邮件。当用户接收到大量的电子邮件时，有的是有用的，有的是没用，这时就需要对一些没用的电子邮件进行删除。删除邮件的操作非常简单，在 Outlook Express 6.0 窗口中选择要删除的主题，然后单击 ⬛删除 按钮；或者在要删除的主题上单击鼠标右键，在弹出的快捷菜单中选择 ⬛删除(D) 命令，如图 6.4.6 所示。

Outlook Express 6.0 先将删除的邮件移动到"已删除邮件"文件夹中，如果用户想恢复已删除的邮件，可以打开"已删除邮件"文件夹，然后将邮件拖回到"收件箱"文件夹或者其他文件夹中。这种功能类似于 Windows 中的"回收站"。

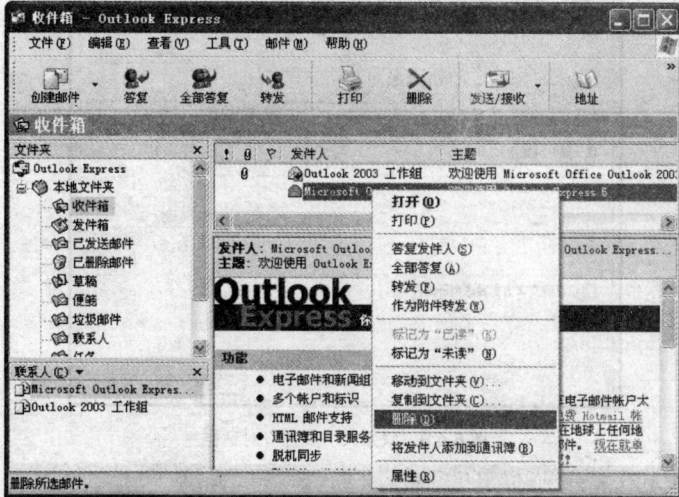

图 6.4.6　使用快捷菜单删除邮件

注意：如果要删除"已删除邮件"文件夹中的邮件，则该邮件会被永久删除，无法恢复。

（2）通讯簿管理。通讯簿管理包括添加联系人和添加联系人组。通讯簿提供了存储联系人信息的方便场所，用户可以在其中添加联系人的各类信息而且还可以对联系人进行分组管理。在通讯簿中添加联系人的具体操作步骤如下：

1）单击"打开通讯簿"超链接，打开如图 6.4.7 所示的 通讯簿 - 主标识 窗口。

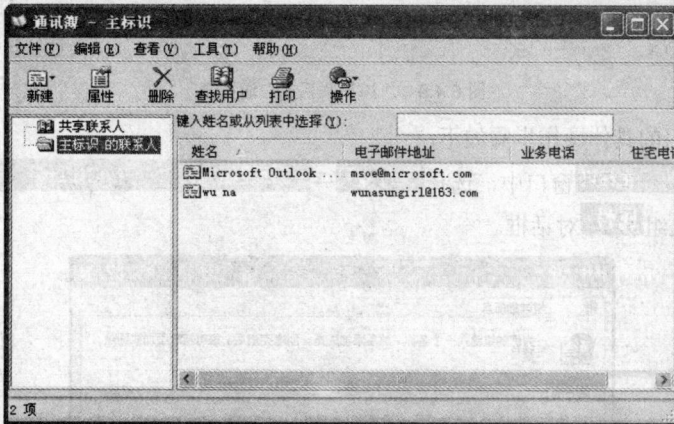

图 6.4.7　"通讯簿 - 主标识"窗口

2）选择 文件(F) → 新建联系人(C)　Ctrl+N 命令；或者单击工具栏中的"新建"按钮 新建，在弹出的下拉菜单中选择 新建联系人(C)… 命令，弹出如图 6.4.8 所示的联系人 属性 对话框。

3）在该对话框中输入联系人的相关信息，如姓名、职务、电子邮件地址等。

4）单击 确定 按钮，联系人就添加到通讯簿中，如图 6.4.9 所示。

除了可以在通讯簿中添加联系人外，还可以在通讯簿中添加联系人组，利用组名可以同时给组内各成员发送内容相同的邮件，便于更好地管理通讯簿。

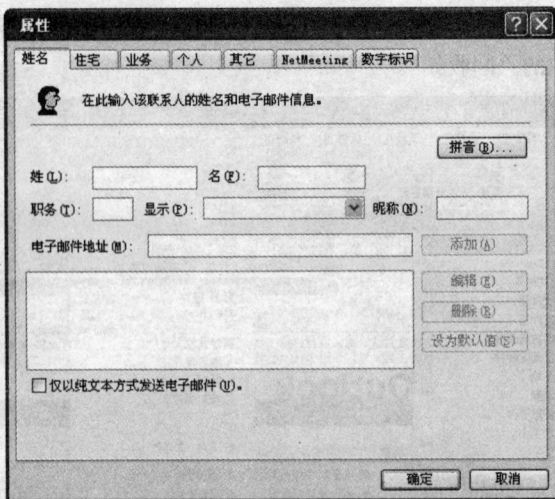

图 6.4.8　联系人"属性"对话框

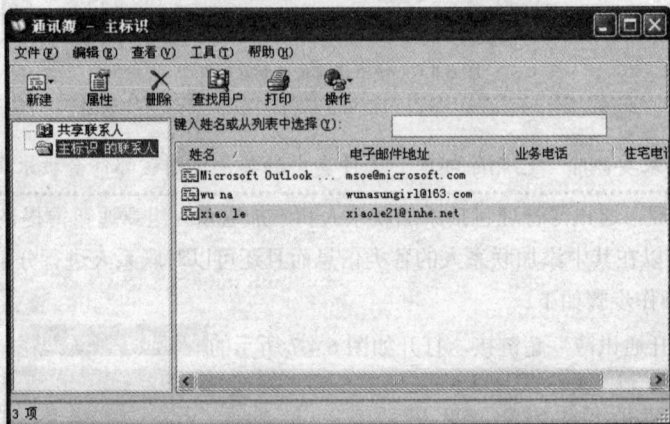

图 6.4.9　"添加联系人"通讯簿

添加联系人组的具体操作步骤如下：

1）在 通讯簿 - 主标识 窗口中，选择 文件(F) → 新建组(G)... Ctrl+G 命令，弹出如图 6.4.10 所示的联系人组 属性 对话框。

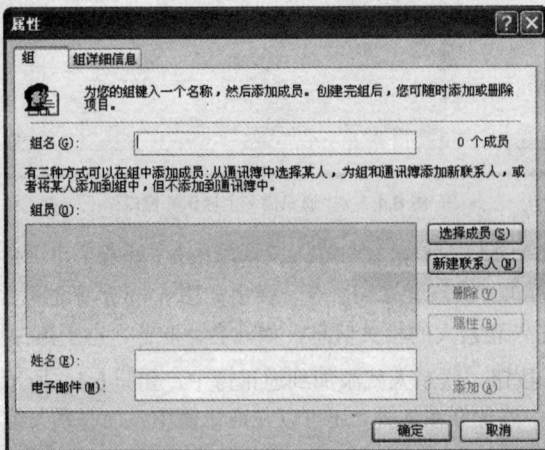

图 6.4.10　联系人组"属性"对话框

2）在"组名"文本框中输入联系人组的名称，如同事。

3）在"姓名"和"电子邮件"文本框中分别输入要添加到联系人组的联系人的姓名和电子邮件地址，单击 添加(A) 按钮，便添加到"组员"列表框中。

4）单击 选择成员(S) 按钮，弹出如图 6.4.11 所示的 选择组成员 对话框。

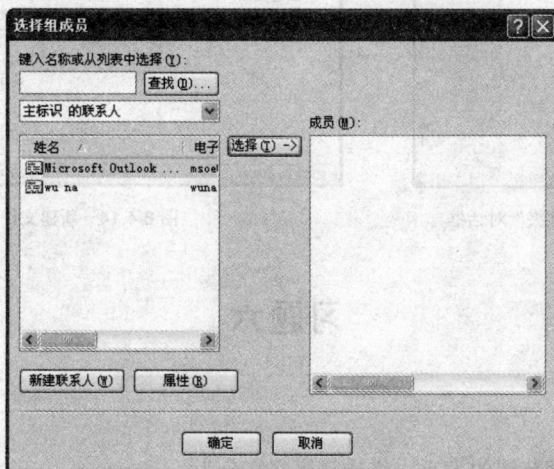

图 6.4.11 "选择组成员"对话框

5）在该对话框中选择一个需要添加的邮件地址，单击 选择(T) -> 按钮，所选的邮件地址便可添加到右边的"成员"列表框中。

6）单击 确定 按钮，"成员"列表框中的邮件地址便添加到"组员"列表框中。

7）单击 确定 按钮，新建的组便添加到通讯簿中，如图 6.4.12 所示。

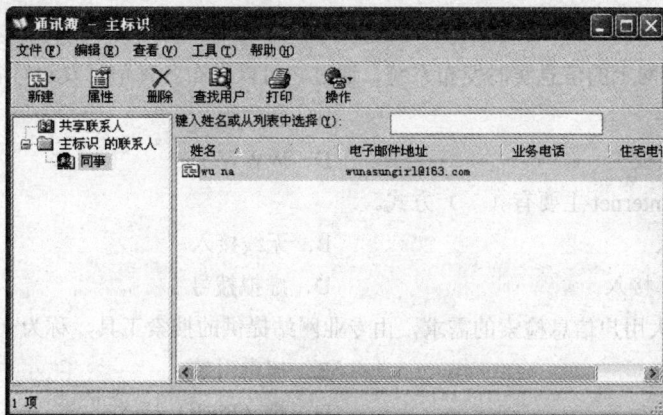

图 6.4.12 "添加联系人组"的通讯簿

（3）文件夹管理。当收件箱中的邮件太多时，用户可以通过新建文件夹来对邮件进行分类管理。新建文件夹的具体操作步骤如下：

1）选择 文件(F) → 文件夹(F) ▶ → 新建(N)... Ctrl+Shift+E 命令，弹出 创建文件夹 对话框，如图 6.4.13 所示。

2）在"文件夹名"文本框中输入新的文件夹名，单击 确定 按钮，创建好的文件夹如图 6.4.14 所示。

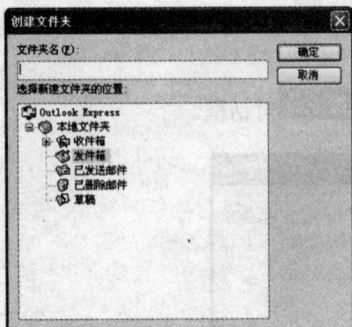

图 6.4.13　"创建文件夹"对话框

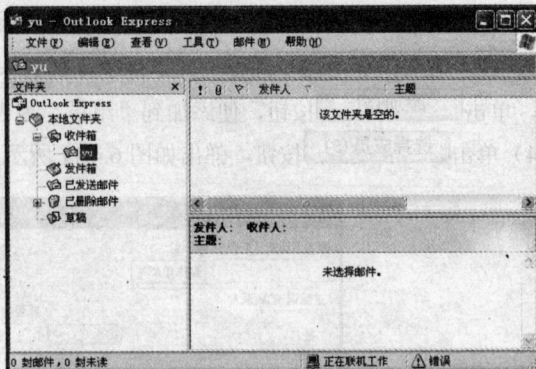

图 6.4.14　新建文件夹

习题六

一、填空题

1．按照网络覆盖地理范围的大小，将计算机网络分为＿＿＿＿＿、＿＿＿＿＿和＿＿＿＿＿。

2．局域网是覆盖地理范围较小的通讯网络。它常利用电缆线将＿＿＿＿＿和＿＿＿＿＿相互连接起来，以实现用户之间相互＿＿＿＿＿、＿＿＿＿＿及访问其他网络和远程主机。

3．Internet 是目前世界上最大的信息网络，有人把它称为＿＿＿＿＿，但它不是一个具体的网络，是众多网络互相通过一定的协议，即＿＿＿＿＿连接而成的一个网络集合。

4．新闻组是一种类似于＿＿＿＿＿的服务，通过它用户可以在网上发布信息和相互交流。

二、选择题

1．（　）是因特网上的信息实时发布系统，通过它可以发布各种信息及进行各种交流。

A．电子邮件　　　　　　　　　B．新闻组

C．电子公告板　　　　　　　　D．WWW

2．ADSL 接入 Internet 主要有（　）方式。

A．专线接入　　　　　　　　　B．无线接入

C．MODEM 接入　　　　　　　D．虚拟拨号

3．为了满足广大用户信息检索的需求，由专业网站提供的搜索工具，称为（　）。

A．网络导航　　　　　　　　　B．搜索引擎

C．检索工具　　　　　　　　　D．推（Push）技术

4．Internet 提供的众多服务中，人们最常用的是在 Internet 各站点之间漫游，浏览文本、图形、声音等各种信息，这项服务为（　）。

A．电子邮件　　　B．WWW　　　C．文件传输　　　D．网络新闻组

三、上机操作题

1．在网上用直接搜索和分类搜索两种功能搜索信息。

2．申请一个免费的 E-mail 账号，申请成功后朋友之间互相收发 E-mail。

第七章　多媒体计算机和计算机安全

多媒体计算机是多媒体技术与计算机技术相结合的产物,本章主要介绍多媒体计算机及计算机安全方面的知识。

本章重点

(1)多媒体计算机。

(2)计算机安全。

第一节　多媒体计算机

在人类社会中,信息的表现形式是多种多样的,如我们常见的文字、声音、图像、图形等都是信息的表现形式,通常把这些表现形式叫做"媒体"。

近年来,人们已经有了把多种媒体信息做统一处理的需要。更重要的是,随着技术的发展,已经拥有处理多媒体信息的能力,这才使"多媒体"变为一种现实。现在所说的"多媒体",常常不是说多媒体信息本身,而主要是指处理和应用它的一套技术,即"多媒体技术"。人们谈论多媒体技术时,常常是要和计算机联系起来,这是因为多媒体技术利用了计算机中的数字化技术和交互式的处理能力,才使多媒体技术成为可能。

一、多媒体计算机及其组成

1. 多媒体计算机的概念

媒体是指存储信息的载体和信息的本体。存储信息的载体包括磁带、磁盘、半导体存储器、光盘等,信息的本体包括数据、文档、声音、图形、影像等。

自20世纪90年代以来,随着电子技术和计算机的发展,以及数字化音频、视频技术的进步,多媒体技术的应用得到迅猛发展。在多媒体技术的推动下,计算机的应用进入一个崭新的领域,计算机从传统的单一处理字符信息的形式,发展为同时能对文字、声音、图像和影视等多种媒体信息进行综合处理和集成。多媒体技术创造出集文字、图像、声音和影视于一体的新型信息处理模式,实现计算机多媒体化。它成功地将电话、电视、录像机、图文传真机、音响系统和计算机集成于一体,由计算机及专用卡完成视频图像的压缩和解压工作。同时,利用计算机网络系统实现多媒体信息传输,为人类提供了全新的信息服务。由于采用了多媒体技术,就能使个人计算机成为录音电话机、可视电话机、电子邮箱、立体声音响电视机和录像机等。将多媒体技术和计算机技术相结合,成为我们经常所说的多媒体计算机。

2. 多媒体计算机的组成

就目前而言,一台标准的多媒体计算机的硬件基本配置为:

PC机(386DX或以上档次)+光盘驱动器+声卡+视频卡(或电影卡)+标准接口。换句话说,如果已经有了一台 386DX 或以上档次的计算机时，只须再购买光盘驱动器、声卡、视频卡（或电影卡）经过简单的装配就可以组成多媒体计算机，实现家庭影院，进行高层次的全动画游戏，饱览世界名胜风光，欣赏优美动听的交响乐，进行卡拉 OK 演唱，阅读百科全书，享受丰富多彩的家庭教育和观赏精彩的电影节目。如图 7.1.1 所示的是多媒体计算机的组成。

图 7.1.1　多媒体计算机

二、多媒体计算机标准

多媒体计算机 MPC 标准有 4 个，即 MPC 标准的 4 个级别，如表 7.1 所示。

表 7.1　MPC 标准

计算机的组成部件或参数	MPC-1	MPC-2	MPC-3	MPC-4
CPU	80386 SX/16	80486 SX/25	Pentium 75	Pentium 133
内存容量	2 MB	4 MB	8 MB	16 MB
硬盘容量	80 MB	160 MB	850 MB	16 GB
CD-ROM 速度	1X	2X	4X	10X
声卡	8 位	16 位	16 位	16 位
图像	256 色	65 535 色	16 位真彩	32 位真彩
分辨率	640×480	640×480	800×600	1280×1024
软驱	1.44 MB	1.44 MB	1.44 MB	1.44 MB
操作系统	Windows 3.x	Windows 3.x	Windows 95	Windows 95

三、豪杰超级解霸 V8 的使用

超级解霸是豪杰公司开发的一款娱乐工具软件，随着技术的研发而不断优化升级，2004 年豪杰公司推出了其最高版本——豪杰超级解霸 V8。

超级解霸 V8 的外观比以前的版本更加美观，功能更加强大，它可以播放 DVD，也可通过 Internet 播放在线影视。

1. 超级解霸V8的界面

安装好超级解霸 V8 之后，选择 ▌开始 → 所有程序(P) ▶ → 豪杰软件　　　▶ →
豪杰超级解霸V8 → 豪杰超级解霸V8 命令，打开如图 7.1.2 所示的播放界面和控制界面。

播放界面变成了可操作的导航中心，通过它可与控制界面的按钮、菜单功能相结合，轻松实现影音播放等快速操作。

控制界面主要由菜单栏和按钮图标组成。

（1）菜单栏主要包括 文件(F) 、 控制(C) 、 音频(A) 、 视频(V) 、 设置(S) 等。

（2）界面左上角的按钮从左至右依次是"打开文件"按钮 、"播放 VCD/DVD"按钮 、"单张抓图"按钮、"连续抓图"按钮、"静音"按钮、"循环播放"按钮、"选择开始点"按钮、"选择结束点"按钮、"保存MPG"按钮、"全屏"按钮和"使模糊变清晰"按钮。

图7.1.2　豪杰超级解霸V8界面

（3）界面左下角的按钮从左至右依次是"播放/暂停"按钮、"关闭一切"按钮、"上一段"按钮、"前跳"按钮、"后跳"按钮、"下一段"按钮、"微型界面"按钮、"高级"按钮和"彩影"按钮。

（4）界面右上角的按钮从上至下依次是最小化、换肤、关闭和帮助。

（5）界面右中部的按钮从左至右依次是"亮度调节"按钮、"音量调节"按钮、"音量平衡"按钮、"高亮"按钮、"标准"按钮、"柔和"按钮和"黑白"按钮。

2．超级解霸的播放功能

（1）播放DVD和VCD。播放DVD和VCD的方法有以下几种：

1）在播放界面中单击按钮，可播放DVD和VCD。

2）把VCD或DVD放到光驱里，选择→命令，可播放DVD和VCD。

3）选择→命令，可播放DVD和VCD。

4）直接把要播放的文件拖到超级解霸的控制界面上进行播放就可以了。

3．音频解霸A8的界面

音频解霸A8是一个播放音乐的应用程序，在原来的基础上，增加了一些功能，如用户可以对所选的曲目进行编辑，可以将原唱消除，从而可以用于卡拉OK，也可以播放VCD，DVD影碟的音频部分等。

（1）音频解霸的界面。安装好超级解霸之后，选择→→→→命令，打开如图7.1.3所示的控制界面。该界面主要由菜单栏和按钮组成。

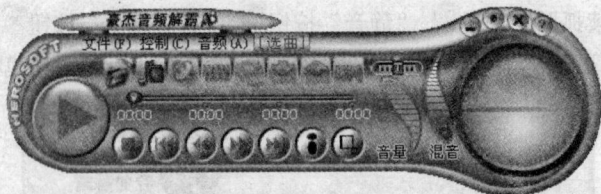

图 7.1.3　音频解霸 A8 的控制界面

（1）菜单栏主要包括 文件(F) 、 控制(C) 、 音频(A) 和 [选曲] 。

（2）界面左上角的按钮从左至右依次是"打开文件"按钮 、"文件列表"按钮 、"静音"按钮 、"播放并录音"按钮 、"循环"按钮 、"选择开始点"按钮 、"选择结束点"按钮 和"声音平衡"按钮 。

（3）界面左下角的按钮从左至右依次是"播放/暂停"按钮 、"关闭一切"按钮 、"上一段"按钮 、"后跳"按钮 、"前跳"按钮 、"下一段"按钮 、"信息"按钮 和"微型界面"按钮 。

（4）界面右上角的按钮从上至下依次是最小化、换肤、关闭和帮助。

（5）界面右中部的按钮是播放进度、音量和混音。

4．音频解霸消除 MTV 原唱

消除 MTV 原唱的具体操作步骤如下：

（1）选择 开始 → 所有程序(P) → 豪杰软件 → 豪杰超级解霸V8 → 豪杰音频解霸A8 命令，打开音频解霸的控制界面。

（2）选择 文件(F) → 打开 音频文件(O)　　Ctrl+O 命令，在弹出的 打开影音文件 对话框中选择需要播放的音乐文件。

（3）单击 打开(O) 按钮，将播放所选择的音乐文件。

（4）单击控制界面中的"静音"按钮 ，"播放并录音"按钮 将变为可选用状态。

（5）单击"播放并录音"按钮 ，弹出 保存声音波形文件 对话框，在"文件名"文本框中输入"清除 MTV 原声"；在"文件类型"下拉列表中选择"声音波形文件"选项，如图 7.1.4 所示。

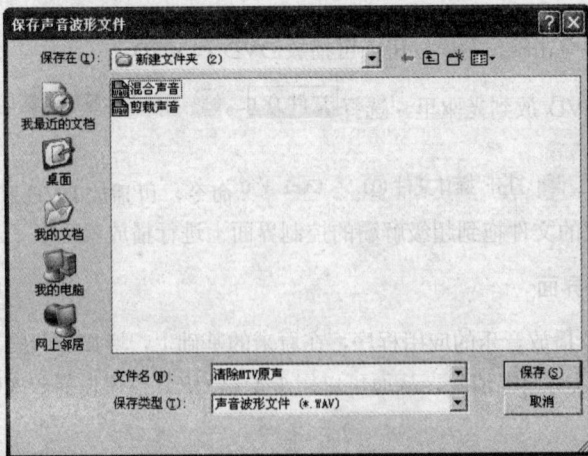

图 7.1.4　"保存声音波形文件"对话框

（6）单击 保存(S) 按钮，保存音乐文件。

第二节 计算机安全

随着 Internet 的广泛应用，各种计算机病毒给人们造成的危害越来越严重，计算机安全问题已经越来越受到人们的关注。

计算机病毒是一种人为制造的计算机程序，能够不断侵入到可执行程序或数据文件中，占用系统的空间，从而降低计算机的运行速度，甚至破坏计算机系统的程序和数据，造成极大的损失。计算机病毒通过媒介（通常是软盘、网络等）可以进行传播，入侵其他的计算机系统。因为它像生物病毒一样，也会出现产生、繁殖和传播的现象，所以人们把这种破坏性的程序取名为"病毒"。

一、计算机病毒的概念及其特性

《中华人民共和国计算机信息系统安全保护条例》中，将计算机病毒（以下简称为病毒）明确定义为：编制或在计算机程序中插入的破坏计算机功能或者破坏数据，影响计算机使用并且能够自我复制的一组计算机指令或者程序代码。

从以上定义中我们可以看出：计算机病毒是一种特殊的计算机程序，通常寄生在其他程序中，具有自我复制的功能。病毒通常具有以下一些共性：

（1）传染性。传染性是病毒的最基本特征，是指病毒将自身复制到其他程序中，被感染的程序成为该病毒新的传染源。

（2）隐蔽性。病毒一般是具有很高编程技巧、短小精悍的程序，它通常依附在正常程序中或磁盘较隐蔽的地方，个别的还以隐含文件的形式出现，用户很难察觉它的存在、传染和对数据的破坏过程。

（3）潜伏性。大部分的病毒感染到系统后不会马上发作，而是长期隐藏在系统中，只有在满足特定条件时才发作，这样它可以广泛地传播，潜伏时间越久，传播的范围也就越广。

（4）触发性。病毒的发作一般都有一个激发条件，即只有在一定的条件下，病毒才开始发作，这个条件根据病毒编制者的要求可以是日期、时间、特定程序的运行或程序的运行次数等。

（5）破坏性。病毒在发作时，立即对计算机系统运行进行干扰或对数据进行恶意的修改，病毒破坏性的大小完全取决于该病毒编制者的意愿。

二、计算机病毒的种类

按病毒寄生场所，计算机病毒可以分为 3 大类：引导型病毒、文件型病毒和混合型病毒。

1. 引导型病毒（即感染引导扇区的病毒）

在软盘 0 面 0 道 1 扇区（引导扇区）有一个长度为 512 B 的程序，它的主要功能就是将 DOS 系统文件 IBMBIO.COM 和 IBMDOS.COM 调入内存并启动 DOS。在硬盘的 0 头 0 柱面 1 扇区有一个长度为 512 B 的程序，其主要功能就是读硬盘分区表信息并启动硬盘的操作系统。这类病毒就是占用了引导扇区并将正常的引导程序存入到硬盘。这将使电脑在启动时先执行病毒程序，然后再执行正常的引导程序。这类病毒的主要症状可使电脑的内存容量减少 2 K 左右，发作时会造成软、硬盘无法启动甚至死机。比较典型的病毒有：小球病毒、大麻病毒等。

2．文件型病毒

这类病毒主要寄生在可执行文件（如：.EXE 文件和.COM 文件）中，在执行这些文件时将会先执行病毒程序。这类病毒最明显的症状是带病毒的可执行文件都比正常的可执行文件长。比较典型的有"黑色星期五"病毒、1701 病毒、新"六四"病毒、1575 病毒等。

3．混合型病毒

在实际工作中还遇到介于上述两者之间的病毒，即混合型感染病毒。它既感染引导扇区，又同时感染可执行文件。

三、计算机病毒的传播

在目前情况下，病毒主要通过以下 3 种途径进行传播：

（1）通过不可移动的计算机硬件设备进行传播，这类病毒虽然极少，但破坏力极强，目前尚没有较好的检测手段进行检测。

（2）通过移动存储介质传播，包括软盘、光盘、U 盘、移动硬盘等，用户之间在互相拷贝文件的同时也造成了病毒的扩散。

（3）通过计算机网络进行传播，计算机病毒附着在正常文件中，通过网络进入一个又一个系统，其传播速度呈几何级数增长，是目前病毒传播的首要途径。

四、感染病毒的主要症状及其防止方法

用户怎样判断计算机是否感染了病毒呢？我们通常是根据计算机有没有感染病毒的症状发生来判断计算机是否感染了病毒，因此，用户有必要了解一下计算机感染病毒后的主要症状。

1．感染病毒的主要症状

计算机感染病毒后，通常会出现如系统运行速度减慢、经常无故死机、无故重新启动、磁盘存储空间容量异常减少、系统引导速度变慢、屏幕出现异常显示、无法正常读取文件、有未知程序常驻内存、在没有编辑过宏的前提下，Word 或者 Excel 提示执行"宏"等症状。当以上的症状有一项或者多项出现时，就要小心计算机系统有可能已经感染了病毒。

2．防止感染病毒的方法

绝对的防止病毒感染似乎是一件不可能的事情，但是根据我们的经验，采取以下的方法可以有效的帮助用户降低系统感染病毒的概率，减少病毒带来的损失。

（1）购买正版的杀毒软件，如"金山毒霸"，而且最好选择知名厂商的产品，因为知名厂商的产品质量比较好，更新病毒库的速度及时，很快就能查杀最新出现的病毒。

（2）从网上下载软件时一定要小心，最好到知名的站点下载，这样下载的软件中包含病毒的可能性相对要小一些。

（3）打开所有的邮件附件时要三思而后行，不论它是来自好友还是陌生人，建议对于那些主题十分莫名其妙的邮件，将其直接删除，因为根据统计，病毒通常就在那些邮件中。

（4）打开可执行文件、Word 文档和 Excel 前，最好仔细检查，尤其是第一次在用户的系统上运行这些文件时，一定要先检查一下。

（5）对于重要的数据，一定要定期备份；对于十分重要的数据，最好在别的计算机上再备份一次；特别重要的数据，即使进行多次备份也是值得的。

（6）即时升级用户的病毒库，保证它随时处于最新的版本，建议每天都升级一次病毒库。

（7）建议采取如下的安装顺序：操作系统→杀毒软件→ 其他软件，这样可以最大限度的减少病毒感染的几率。

（8）上网时尽量打开病毒防火墙。

（9）及时安装操作系统的补丁程序。

（10）局域网用户共享文件夹的权限一定要设为只读。

五、使用江民杀毒软件 2005 查杀病毒

江民杀毒软件 2005 具有查杀病毒、实量监视病毒、扫描内存病毒、查杀邮件病毒、自身备份与恢复、扫描压缩文件并自动清除病毒等功能。在计算机中安装好该软件后，第一次运行时将出现如图7.2.1 所示的 **江民杀毒软件：简洁操作台** 界面。简洁操作台包含了 KV2005 最常用的几项功能，操作方式简单到只需单击各个按钮即可，非常适合初级用户使用。

图 7.2.1　"江民杀毒软件：简洁操作台"界面

信息提示区：显示与用户当前操作相关的信息。当鼠标停留在某个按钮上时，信息提示区将显示单击该按钮后 KV2005 将进行的操作；在进行查、杀病毒操作时，信息提示区将显示扫描的文件数和发现的病毒数。

操作区由 查毒 、 杀毒 、 升级 和 帮助 4 个按钮组成，各按钮的功能如下：

查毒：单击该按钮，KV2005 对计算机的所有文件进行查毒操作，此时查毒按钮将变成 停止 按钮，单击 停止 按钮将结束本次查毒操作。

杀毒：单击该按钮，KV2005 对计算机的所有文件进行杀毒操作，此时杀毒按钮将变成 停止 按钮，单击 停止 按钮将结束本次杀毒操作。

升级：单击该按钮，KV2005 进行智能升级，在升级界面中单击 取消 按钮可取消本次升级。

帮助：单击该按钮，将弹出帮助菜单，用户可以从帮助菜单中选择要进行的操作。

KV2005 还提供了另一种操作台，即普通操作台供用户使用。普通操作台适合中、高级用户使用，

在该操作台可以完成更多、更复杂的操作，其界面如图7.2.2所示。

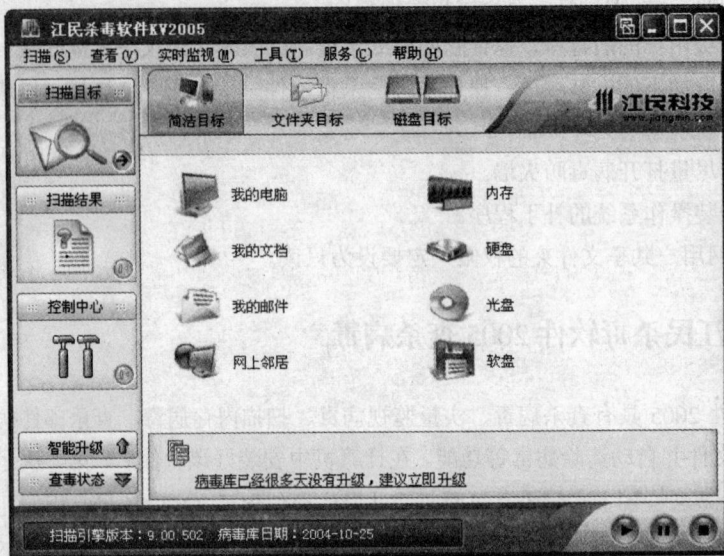

图 7.2.2　"普通操作台"界面

众所周知，杀毒软件一定要及时升级才能保证计算机的安全。KV2005 一般每个工作日升级一次病毒库，所以用户最好将 KV2005 的升级设置为每天 1 次，时间最好设置为第一次开机的时间，这样就足以保证用户的病毒库随时处于最新的版本了。

习题七

一、填空题

1．媒体是指存储信息的_____和信息的_____。
2．常见的多媒体部件有_____、_____、_____、和_____等。
3．光盘按其功能可分为_____、_____和_____ 3 种类型。
4．按病毒寄生的场所可以分为_____、_____和_____ 3 大类。

二、简答题

1．简述多媒体的概念及其组成。
2．举出日常生活中常见的多媒体表现形式。
3．简述病毒的主要症状及其防止方法。

三、上机操作

1．熟悉多媒体计算机的组成部件及其功能。
2．使用杀毒软件对"我的电脑"进行查杀病毒。